水稻种子活力和幼苗耐缺氧能力优异等位变异的发掘

王 洋 著

黑龙江大学出版社
HEILONGJIANG UNIVERSITY PRESS
哈尔滨

图书在版编目（CIP）数据

水稻种子活力和幼苗耐缺氧能力优异等位变异的发掘 /
王洋著 . -- 哈尔滨：黑龙江大学出版社，2019.12
ISBN 978-7-5686-0422-2

Ⅰ . ①水… Ⅱ . ①王… Ⅲ . ①水稻－种子活力－研究
②水稻－幼苗－缺氧耐力－研究 Ⅳ . ① S511

中国版本图书馆 CIP 数据核字 (2019) 第 276649 号

水稻种子活力和幼苗耐缺氧能力优异等位变异的发掘
SHUIDAO ZHONGZI HUOLI HE YOUMIAO NAI QUEYANG NENGLI YOUYI DENGWEI
BIANYI DE FAJUE
王 洋 著

责任编辑 于 丹 高楠楠 肖嘉慧
出版发行 黑龙江大学出版社
地 址 哈尔滨市南岗区学府三道街 36 号
印 刷 哈尔滨市石桥印务有限公司
开 本 720 毫米 ×1000 毫米 1/16
印 张 14
字 数 222 千
版 次 2019 年 12 月第 1 版
印 次 2019 年 12 月第 1 次印刷
书 号 ISBN 978-7-5686-0422-2
定 价 42.00 元

前　言

　　水稻直播是一种轻型、高效、节水的栽培方式,为许多发达国家和地区所广泛采用。随着我国经济的快速发展,水稻直播栽培面积呈逐年增加的趋势。直播种子成苗是直播栽培成功的第一关。影响直播种子成苗的主要因素是缺氧胁迫和低温胁迫。培育具有耐缺氧能力和高活力的直播水稻品种是提高直播稻田成苗率的途径之一。水稻幼苗耐缺氧能力是由多个基因控制的数量性状,不同水稻品种耐缺氧能力不同,耐缺氧品种比不耐缺氧品种具有更强的芽鞘伸长能力。种子活力是指在广泛的田间条件下,种子迅速整齐出苗和长成正常幼苗潜在能力的总称。种子活力由遗传、种子发育期间的环境条件及贮藏条件等因素共同决定。发掘种子活力和幼苗耐缺氧能力优异等位变异及其载体材料,可为培育适宜直播的水稻品种提供理论基础和资源材料。

　　本书进行了以下 3 项研究:一是选取太湖流域水稻品种资源对种子活力和幼苗耐缺氧能力进行遗传变异研究,并对种子活力和幼苗耐缺氧能力与直播成苗能力进行相关分析。二是利用一个籼粳交 BIL(回交自交系)群体和一个粳粳交 RIL(重组自交系)群体对种子活力和幼苗耐缺氧能力进行 QTL(数量性状位点)分析。BIL 群体由 Nipponbare/Kasalath//Nipponbare 组合 98 个家系构成,RIL 群体由秀水 79/C 堡组合 247 个家系构成。三是利用由 94 个太湖流域水稻核心种质构成的自然群体对种子活力和幼苗耐缺氧能力进行关联分析。

　　研究表明,太湖流域水稻品种资源的种子活力和耐缺氧能力存在广泛的遗传变异,遗传变异主要存在于早熟晚粳生态型中;两个不同遗传背景的家系作图群体共检测到 6 个新的与种子活力性状相关的 QTL,控制粳稻和籼稻种子活力的遗传基础不同;两个不同遗传背景的家系作图群体共检测到 8 个幼苗耐缺氧能力的 QTL,两个群体的第 2 染色体上所检测到的水稻幼苗耐缺氧能力 QTL 是同一个位点。太湖流域水稻自然群体在相同和不同染色体间存在较高程度的连锁不平衡(LD),不同染色体间的连锁不平衡产生可能源于进化进程中染色体间的重组;利用关联分析共检测到 11 个 SSR(简单重复序列)标记与种子活力位点相关,发掘出了 42 个优异等位变异及相应的载体材料,利用关联分析检测到 4 个 SSR 标记与幼苗耐缺氧能力位点相关,发掘 6 个优异等位变异及相应的载体材料,其中标记 RM317 既与种子活力性状相关,又与耐缺氧能力相关。

本书是笔者对水稻资源开展深入试验取得的研究成果,将为水稻直播生产提供参考。

感谢我的导师南京农业大学洪德林教授的指导和帮助。由于笔者水平有限,本书难免存在问题和不足,敬请指正。

王洋

2019 年 3 月

目　　录

1　文献综述

1.1　水稻直播发展现状

1.1.1　国内外水稻直播种植概况

随着劳动力成本的升高,许多国家都改变了传统的水稻移栽方式,逐步采用直播方式。在美国水稻主产区加利福尼亚州,水稻全部采用机械直播;俄罗斯水稻采用旱直播的方法;意大利水稻直播面积占水稻种植总面积的98%;澳大利亚水稻直播面积占水稻种植面积的81%。在亚洲,水稻直播面积也呈逐年增加的趋势,水稻直播面积比例最高的国家是斯里兰卡和马来西亚,斯里兰卡的水稻直播面积约占水稻总种植面积的80%,而马来西亚的水稻直播面积从几乎为零猛增到水稻总种植面积的50%以上;其次是菲律宾、越南、泰国和老挝;印度是水稻种植面积最大的国家,也是直播种植面积最大的国家;韩国在20世纪90年代以后水稻直播面积也在逐年增加,韩国政府计划将水稻直播面积扩大;日本对水稻直播的研究始于1963年,早期一直开展旱直播,20世纪90年代又开发了较多的水直播机和旱直播机,近年来又开发了环保型直播机。

水稻是我国种植面积最大、产量最高的主要粮食作物之一。我国水稻的种植历史悠久,据史书记载,我国水稻最初采用直播的栽培方式,到了汉朝才发明育苗移栽。育苗移栽可减轻草害,延长水稻生长期,有利于提高水稻产量。但与直播方式相比,水稻的移栽增加了育种、拔秧和插秧的工序,使得整个生产过程对劳动力的需求量很大,特别是拔秧和插秧两个环节。因此,水稻移栽的实行依赖于大量劳动人口的存在。由于我国人口众多,育苗移栽方式在水稻生产中广为采用,而水稻直播作为我国的一项传统栽培技术,只在黑龙江、新疆、宁夏、内蒙古等地仍有沿用。直到20世纪80年代,水稻旱种技术有了进一步改进,北方稻区的直播面积得以扩大。进入20世纪90年代以后,水稻生产目标由单纯追求产量,逐渐向降低生产成本、提高经济效益方向转变,水稻生产出现了向适度规模经营的方向转变,水稻直播因具有省时、省工、成本低等特点,在南方稻区迅速发展起来。

1.1.2 水稻直播研究现状

1.1.2.1 水稻直播方法

目前,各国所采用的水稻直播方法各有不同,一般分为水直播、旱直播和湿直播三种类型。

水直播:在水达一定深度的田块进行撒播。水直播可以采用催过芽的种子或浸泡过的种子,也可采用干稻种。用干种子进行水直播时,通常先将稻种用壮秧剂或灭菌剂的混合物拌种包衣,以增加种子的质量,避免干种子漂浮于水面而导致群体不匀。水直播时,要避免苗床过于光滑,适当粗糙的苗床有利于秧苗的固定生根。

旱直播:将干稻种直接播在干燥或土壤水分低于田间持水量的土壤中。在非灌溉稻区,旱直播后只能等待降雨,种子吸水出苗。在灌溉稻区,则可在旱直播后进行间歇灌溉,随灌随排,保持土壤湿润,以促进种子吸水发芽。

湿直播:在土壤水分饱和而无积水的田块直播。湿直播时多采用已催芽的稻种,也可采用干稻种。

1.1.2.2 水稻直播的生产优势

水稻直播与水稻移栽比较,除具有省工、省时、降低劳动力成本外,还有以下生产优势:

(1)水稻直播充分遵从植物自身的生长规律,无拔秧植伤和栽后返青过程,因而生育进程加快,生育期一般比同期移栽的水稻缩短 5~7 d。直播水稻三张功能叶的长度均比移栽水稻短,这一变化导致叶面积变小,有利于通风和底部叶片受光,而且中后期叶片功能期延长,单株绿叶数多,有利于光合产物的形成,这可能与直播水稻根系发达、分布浅、氧化电位高有关。

(2)与育秧田播种量相比,直播水稻的播种量少,秧苗稀,幼苗个体生长环境条件优越,相对移栽水稻而言直播水稻的有效穗具有优势;直播水稻生育期缩短,主要是播始历期缩短,而生殖生长期并不缩短,即幼穗分化到灌浆成熟期并不缩短,从而具备了形成大穗和充实籽粒灌浆的物质基础。

（3）直播水稻比常规移栽水稻的播种期要迟10~25 d,成熟期也相应推迟,后期昼夜温差变大,有利于提高食味品质;另外,直播水稻个体生长环境条件优越,根群发达,也有利于提高食味品质,因而直播水稻的食味品质要略好。

此外,直播水稻的茎秆均比移栽水稻略细,但由于每穗实粒数的减少,从穗重相对茎秆粗度来说,承受的压力并没有增加,也就是说直播水稻的茎秆单位面积所承受的负荷与移栽水稻相比变化不大。

综上所述,在产量构成三大因素中的单位面积穗数、千粒重两个方面,直播水稻比移栽水稻均有优势。

1.1.2.3 影响水稻直播成苗的因素

水稻直播生产中存在三个技术瓶颈:建立合理的群体结构、有效除草和防止倒伏。不合理的群体结构是指水稻群体过密或过稀或疏密不匀,加剧了个体与群体、主穗与分蘖穗、穗数与粒数的矛盾,使各个产量构成因素不能得到协调发展而减产。全苗壮苗问题一直是影响群体结构的重要因素,也是影响直播水稻产量及其稳定性的首要问题,它直接影响群体的起点苗数,进而影响群体质量及调控技术。与移栽水稻比较,直播水稻种子在更为复杂的田间环境中萌发。在直播生产中,处于萌动时期的种子播在排水后的泥土上或一直持水的田中,一系列生理和非生理胁迫抑制种子成长为正常幼苗。其中低温胁迫和缺氧胁迫是抑制成苗的主要因素。前人在研究直播水稻成苗过程中发现,选用耐逆境、发芽能力强(即具有较高活力水平和在短期淹水环境下能保持较强的发芽出苗能力——较强的耐缺氧能力)的水稻品种,能提高直播水稻的田间成苗率。我国开展水稻直播生产较晚,相应的研究起步也晚。目前用于水稻直播的品种都是水稻移栽生产中使用的品种,而在育秧移栽品种选育过程中以移栽水稻高产优质高效栽培为目标,对苗期性能特征没有要求。因此,移栽品种难以真正地满足直播对品种高活力和耐缺氧能力的需求。

1.2　水稻种子活力的研究进展

1.2.1　种子活力的概念

　　种子活力,国外种子学文献上也称为种子及幼苗活力,是指在广泛的田间条件下,种子迅速整齐出苗和长成正常幼苗的潜在能力的总称。种子活力由遗传因素、种子发育期间的环境条件及贮藏条件等共同决定。健壮的种子(高活力种子)发芽、出苗整齐迅速,对不良环境的抵抗能力强,具有明显的生长优势和生产潜力。研究人员把研究种子活力的着眼点放在于有利和不利的环境条件下籽粒个体萌发、成苗差异性的分析上,推导了一个有关种子活力的双向量二维数学分析图解(见图1−1),其纵坐标表示发芽率或幼苗生长速率等,横坐标表示环境因子。曲线A指高活力种子能在较宽的环境因子范围内迅速萌发;曲线B指低活力种子能在较窄的环境因子范围内迅速萌发;曲线C指低活力种子虽然能在较广的环境因子范围内萌发,但发芽率和幼苗生长速率有所下降。这一图解既表明在合适、有利的条件下种子本身的潜能是主要的限制因子,又体现出在逆境胁迫条件下种子的适应程度。研究人员进一步将种子活力的定义归纳为:种子活力是一种为基因所决定并为环境因子所改变的生理特性,它决定着种子在土壤中生产幼苗的能力,以及种子适应环境因子范围的水平。

　　从上述种子定义出发,对种子活力概念的理解应包括以下几个方面:1. 种子活力主要体现在种子发芽和幼苗生长这两个过程之中;2. 它是种子多方面特性的总和,而非单一的某个性状或指标;3. 适应较宽的环境因子范围是种子活力的重要特性之一;4. 种子活力主要受到基因控制,同时也受到多种环境条件的影响。

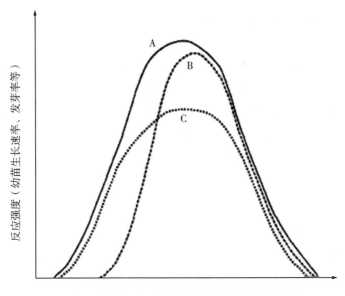

图1-1 种子活力双向量分析的理论曲线
A.高活力种子；B.低活力种子(适应范围较窄)；
C.低活力种子(反应强度下降)

1.2.2 种子活力的生理机理

种子活力是在种子发育过程中形成的,贮藏物质的积累是种子活力形成的基础。伴随着种子成熟,蛋白质、淀粉等物质逐渐积累,种子的发芽率及活力也逐渐提高,至生理成熟期达到高峰。在生理成熟期后的脱水阶段,LEA蛋白(胚胎发生晚期丰富蛋白)、寡聚糖、ABA及维生素E等也参与了种子活力的形成,增加了种子对逆境的适应能力。林鹿等人认为种子在发育过程中,合成了种子萌发和幼苗生长所需的营养物质,热稳定蛋白的合成和累积使种子的耐脱水能力增强,使种子具备了抵抗逆境的能力;刘军等人认为种子中热激蛋白及其他胁迫蛋白的存在和合成能力水平,可能与种子活力有关;相关研究还表明,糖含量对种子活力没有影响,而寡糖与双糖的比例与种子活力有关。此外,一些微量物质如 ABA、维生素 E 等对种子活力也具有影响。

种子活力在生理成熟期达到最高,其后活力开始逐渐下降,发生不可逆转的劣变。目前膜脂过氧化作用及自由基增多被认为是引起或加剧种子劣变的重要原因。种子劣变涉及蛋白、糖、核酸、脂肪酸、挥发性物质(如乙醛)、膜的透性、酶的活性、呼吸强度、脂质过氧化、修复机制等方面的变化。种子劣变过程中,膜透性增加,溶质外渗,合成能力下降,激素也发生相应的变化,SOD、POD等保护性酶的活性降低,清除自由基及过氧化物的能力减弱,自由基不断积累并攻击膜磷脂分子的不饱和脂肪酸,膜受到破坏,透性增大,积累丙二醛等有毒物质,造成种子活力下降。

1.2.3　种子活力的测定方法

种子活力的测定方法多种多样,因植物种类不同而采用不同方法。国际种子检验协会(ISTA)推荐了 2 种活力测定方法,并建议了 7 种活力测定方法。北美洲官方种子分析者协会(AOSA)重点介绍了 7 种方法。我国在 1991 年出版的《种子活力》也十分完整地介绍了活力测定原理和方法。归纳起来,种子活力测定方法主要分为三类:

1.种苗生长测定:包括种子发芽和幼苗生长特性的测定实验。该方法的主要优点在于能够直接观察种苗生长的各种特性,不足之处是影响种苗生长的因素很多,如光照、温度、湿度、通气状况和时间,要获得准确结果,就必须严格控制萌发条件。

2.逆境胁迫测定:高活力种子的主要特性表现为对不良环境抵抗能力强,以种子耐受能力和抵抗能力的相应需求设计测定方法。逆境胁迫主要包括低温、干旱等。

3.生理和生化测定:种子吸水后,代谢活动开始恢复和增强,这时通过测定种子代谢活动中有关酶活、细胞膜和细胞生理活性状态等来反映不同程度的种子活力水平。其中常用的有电导率法和 TTC 法。

水稻属于单子叶禾本科类作物,具有直立中胚轴和伸长的胚根,实验室中适于采用种苗生长测定方法,具体方法包括斜板法和纸卷法。研究表明,斜板法是水稻种子活力实验室测定的一种可靠方法,简单、快捷、具有最低的变异系数,且斜板法测定的苗高和干重两个性状指标可以更好地指示种子田间的出苗水平,不受温度影响。

1.2.4 水稻种子活力的遗传控制

种子活力是非常复杂的综合性状,受到很多因素影响,表现在发芽率、苗高、根长、鲜重、干重、低温发芽能力、耐藏性、抗老化性等诸多方面,而这些性状均是多基因控制的数量性状,受种子发育、收获、贮藏等环境因素的影响较大,因此对它进行遗传分析较为困难。随着 DNA 分子标记和基因组作图技术的发展,种子活力的 QTL 定位研究取得了很大的进展,已经成为种子科学方面的一个研究热点。

Redoňa 等首次报道了水稻种子活力相关性状的 QTL 的研究结果。他们选择了 1 个在美国南部种植活力较差的热带粳稻品种 Labelle 与 1 个在印度进行直播、种子活力很强的籼稻品种 Black Gora 杂交,建立 F_2 分离群体,通过 RFLP (限制性内切酶片段长度多态性)分析构建了含有 117 个标记位点的分子连锁图谱,在两个温度(18 ℃和 25 ℃)下测定了 F_3 株系的 4 个种子活力相关性状(苗高、根长、中胚轴长和芽鞘长),定位到 13 个 QTL,其中 3 个 QTL 在 2 个温度条件下被检测到,效应最大的是根长的 QTL。他们还发现,控制不同性状的 QTL 位于相同染色体上某些区段上,如根长的 QTL 所在的染色体区段内也检测到了苗高和芽鞘长的 QTL,但有些位点的加性效应方向不一致,因此推断控制不同性状的基因位点是连锁的,而并非一因多效。

另外,位于第 1 染色体上的中胚轴长的 QTL 和位于第 9 染色体上的苗高的 QTL 所在的区段与 α - 淀粉酶基因家族所在区段大致相等,这一结果恰好证明 α - 淀粉酶活性与种子活力有关。Redoňa 等人又将上述群体中的籼稻亲本更换为高活力的热带粳稻品种,建立了粳粳交 F_2 分离群体进行种子活力的 QTL 分析,结果只有 2 个中胚轴的 QTL 定位结果相同,表明控制籼稻的种子活力基因不同于粳稻。

研究人员利用籼籼交(珍汕 79/明恢 63)RIL 群体,结合 RFLP 和 SSR 标记连锁图,对水稻种子活力相关的幼苗表型性状和生理活性指标进行了 QTL 分析。其中表型性状包括发芽率、苗干重、芽干重、根干重和最大根长等,共定位了31个QTL，主要集中在第3、5、6染色体的4个区间段。相关的生理性状主要有总淀粉酶活性、α - 淀粉酶活性、还原糖含量、根活性和种子重等5个指标，共定位到23个QTL。研究者在控制水稻籽粒淀粉含量的 *Waxy* 基因区间段检测到了总淀粉酶活性、α - 淀粉酶活性和还原糖含量的QTL各1个，加性效应方向相反，这一结果为总淀粉酶活性、α - 淀粉酶活性和还原糖含量呈显著负相关的事实提供了遗传解释，表明 *Waxy* 基因区段对糖与淀粉酶活性之间的相互作用有影响。其他研究人员也得出结论：第6染色体上 *Waxy* 基因区段可能对淀粉的合成和分解具有调节作用，通过控制种子淀粉酶的活性来影响还原糖的含量，从而影响种子活力的多个相关性状。

曹立勇等人则认为水稻幼苗活力同时受到加性效应和上位效应的控制，其采用籼粳杂交的DH（双单倍体）群体进行了幼苗相关活力性状的QTL分析，共检测到24个加性效应QTL和17对上位效应QTL，定位在除第9染色体以外的所有染色体上，不同的加性效应QTL和上位效应QTL控制不同的活力性状，如中胚轴长度、芽鞘长、根长和苗高等，研究还表明控制水稻幼苗活力的部分加性效应和上位效应与环境之间存在互作。研究人员利用1个粳籼杂交稻的264个RIL的F_2分离群体，对控制种子发芽率、幼苗根长及幼苗干重的QTL进行分析，共检测到13个主效应QTL，对性状的平均解释率为6.2%，检测到18对性状解释率≥5%的互作位点，认为种子活力相关性状的大多数主效应和互作QTL成串分布于少数几个染色体区段，并且成串分布在同一染色体区段的QTL效应方向总是一致的。徐吉臣等人检测到2个控制根长的加性效应QTL，分别位于第2、4、9、10染色体上。研究人员利用Lemont/特青的RIL群体，测定萌发率、根长、苗高和苗干重，共检测到了34个QTL，其中82%成簇分布在第3、5和8染色体的5个区段上，QTL对种子活力性状的解释率均较小，种子活力性状受到多基因控制。

1.3 水稻幼苗耐缺氧能力的研究进展

1.3.1 水稻幼苗耐缺氧能力的生理基础

水稻的芽鞘是极少可以在缺氧条件下生长的植物组织之一。直播的水稻种子生长在排水后的泥土上或一直持水的田中,缺氧促进水稻幼苗芽鞘的伸长,抑制叶和种子根的生长。在缺氧胁迫下不同水稻品种具有不同萌发状态,耐缺氧的品种比不耐缺氧的品种具有更长的芽鞘。水稻芽鞘快速伸长到达有氧环境,为初生叶和根的生长提供氧分。

水稻幼苗能够忍受淹水条件下的缺氧环境主要归功于水稻芽鞘的生理适应性,缺氧胁迫下幼苗芽鞘可以通过调节代谢来维持 ATP 供给和平衡细胞质的 pH 值。但缺氧胁迫下不同水稻品种芽鞘伸长率和乙醇发酵速率差异较大,耐缺氧的品种芽鞘伸长率和乙醇发酵速率高于不耐缺氧的品种,并且形成 ATP 代谢途径中的 4 个关键酶 PFK、PFP、PDC、ADH 的活性也高于不耐缺氧品种,虽然不耐缺氧品种的上述 4 个酶的活性在缺氧胁迫下也高于其正常生长条件。除此之外,与丙酮酸其他代谢途径相关的酶蛋白如 PPDK、PK 等在缺氧条件下也大量合成。

Rasika 等进一步对生长在缺氧条件和正常条件下的水稻芽鞘转录子组的表达进行了调查和比较,发现:糖在缺氧条件下扮演重要角色,缺氧导致的糖饥饿使得一些基因直接上调表达;缺氧作用下伸展基因家族中 *EXPA*7 和 *EXPB*12 上调表达;乙烯反应因子和热激蛋白在芽鞘中也受到缺氧调控上调表达;除此以外,还有一些酶及蛋白的表达调控遵循能力节约的原则进行。水稻芽鞘内发生的各种生理变化极大程度地协助芽鞘在缺氧条件下的伸长。

1.3.2 水稻幼苗耐缺氧能力的遗传研究现状

目前对缺氧胁迫下水稻幼苗芽鞘伸长的遗传研究开展较少,究其原因是缺氧条件不易建立。研究中常用的方法是向萌发环境中吹入氮气以保证种子处于缺氧条件。Setter 等人认为种子培养在静止的 0.1% 去氧琼脂溶液或浸透水的土壤中也可以视为缺氧萌发。Fred 等人通过控制氧气水平研究水稻幼苗在水中发育的形态特征,指出当含氧量低于 10% 时芽鞘长随着氧含量的降低不断增加。当含氧量低于 13% 时,可对芽鞘的伸长进行评价。Frantz 等人提出用 5 cm 深静止不动的水即可保持缺氧条件,水中微量的溶解性氧对研究缺氧发芽没有影响。

相关研究表明,在缺氧条件下籼稻和粳稻芽鞘伸长能力存在较大差异,缺氧胁迫下粳稻芽鞘比籼稻具有更强的伸长能力。如果品种间幼苗耐缺氧能力存在着真实的遗传变异,就可以通过育种手段培育出适于直播的耐缺氧品种。侯名语等人利用籼粳交群体以 20 cm 深水条件下暗发芽 5 d 幼苗的苗高作为水稻幼苗低氧发芽力的衡量指标,在第 1、2、5、7 染色体上共检测到 5 个幼苗低氧发芽力的 QTL,其中 $qAG-1$、$qAG-2$ 和 $qAG-7$ 的增效等位基因来自 DV85,$qAG-5a$ 和 $qAG-5b$ 的增效等位基因来自 Kinmaze。

1.4 QTL 定位研究进展

1.4.1 QTL 定位研究的基本策略

作物的性状特征从整体上看可分为两类,即由单基因控制的表现为非连续变异的质量性状和由多个基因控制的表现为连续变异的数量性状。作物的许多主要农艺性状,如产量、品质、抗病性、抗逆性等都表现为数量性状。由于任何数量性状特征都是基因组中的多个基因和环境效应共同作用的结果,因此对其遗传基础进行研究十分困难。随着分子生物学和生物统计技术的发展,应运而生的 QTL 作图技术和关联分析技术,为 QTL 定位研究打开了崭新的一页。

连锁是 QTL 定位的遗传基础,通过数量性状观察值与标记间的关联分析,即当标记与特定性状连锁时,不同标记基因型个体的表型值存在的显著差异,来确定各个数量性状位点在染色体上的位置、效应,甚至各个 QTL 间的相互作用。因此,QTL 定位实质上也就是基于一个特定模型的遗传假设,是统计学上的一个概念,有可信度(如 99%、95% 等),与数量性状基因有本质区别

（图 1 - 2）。

数量性状基因 ——环境—→ 表型 ——特定模型—→ QTL

图 1 - 2　QTL 与数量性状基因的关系

　　QTL 定位一般包括以下步骤：（1）采用自然群体或人工构建作图群体；（2）收集群体中个体标记基因型数据，并构建遗传连锁图；（3）收集数量性状的表型值；（4）利用软件分析标记基因型与数量性状值的关联，确定 QTL 在染色体或连锁群上的位置，估计遗传参数。QTL 定位依据连锁平衡和连锁不平衡原理分为家系作图和关联分析两种方法。

1.4.2　家系作图

　　家系作图是以连锁平衡为基础的作图方法。

1.4.2.1　构建作图群体

　　构建作图群体是进行家系作图和 QTL 定位的前提，作图群体按照其是否可持续分为临时性作图群体和永久性作图群体。

　　临时性作图群体有 F_2 及其衍生的 F_3、F_4 家系，回交（BC）群体及三交群体等，其特点是群体内个体间的基因型不同，个体内的基因型是杂合的。其中 F_2 群体结构完整，提供的遗传信息最多，利用 F_2 群体可以准确分析单位点的加性效应、显性效应和超显性效应，估计两个位点间的相互作用，这在杂种优势机理的研究中具有一定价值。由于这类群体构建比较容易，因此早期的遗传图谱构建和 QTL 定位采用的基本都是这类群体。但由于 F_2 群体个体存在分离，且各株系只有一株，难以进行多年多点试验，有人提出繁殖 F_2 群体稻蒐，这种做法既利用了 F_2 群体遗传信息丰富的特点，又克服了 F_2 群体个体观测值偏差大的缺点，从而提高了 QTL 定位和效应分析的精确性。

　　永久性作图群体主要包括 RIL 群体、DH 群体和 BIL 群体。这类群体的特点是系间基因型不同、系内基因型一致，可以进行多年多点试验。这类群体也很适合于涉及种子性状的 QTL 定位。但这类群体不能估算显性效应，提供的信息量不如 F_2 群体大。另外，DH 群体还存在基因型丢失、标记严重偏分离等现象；对于异花授粉作物，由于自交衰退而难以构建 RIL 群体。研究人员提出了"永久 F_2 群体"。他们在 RIL 群体内随机选择个体两两杂交而组成新群体。理论上，在 RIL 群体里 A 和 a 两种配子的比例是相等的，配子的随机组合就相当于 F_1 花粉的随机组合，因此得到的群体相当于 F_2 群体。

　　以上两类群体亲本的基因组比例大致相当，因此，又可以称为平衡群体。平衡群体非常适合 QTL 定位，但存在两个方面的不利因素：一是在亲本间的亲缘关系很远（如涉及野生种质资源）的情况下，利用平衡群体来定位 QTL 并将其转入待改良的品种时会出现问题。如野生种质资源的不利基因（如育性基因）频率较高，会严重干扰对产量和其他性状的考察。二是由于分离群体仅涉及两个特定的材料，因此连锁分析只涉及同一座位的两个等位基因。在家系作图群体中检测到 1 个 QTL，只检测到 1 个优异等位变异。同时在构建分离群体时由于杂交和自交次数的限制，发生的重组次数有限。

1.4.2.2　遗传图谱构建

　　进行数量性状研究的一个必要条件就是构建高密度的遗传图谱。遗传作图的理论基础是染色体的重组和交换。构建遗传图谱时，标记间的遗传距离（单位为 M、cM）以位点间的重组交换率构建，遗传距离由重组交换率转换得来，1 cM 为同源染色体在配对中期望交换值为 1% 的染色体长度。通常用 Mapmaker 进行遗传图谱的构建。

　　水稻作为禾本科模式作物，其遗传图谱的构建受到重视。1988 年 McCouch 等人利用 F_2 群体（籼稻/爪哇稻）构建了水稻史上的第一张 RFLP 连锁图，该图谱包含 135 个 RFLP 标记，覆盖水稻基因组 1 389 cM。1994 年美国康奈尔大学利用种间回交群体构建了一张全长 1 491 cM、含 726 个标记的遗传图谱，标记间平均遗传距离 2 cM。同年，日本水稻基因组研究计划用 186 株籼粳亚种间的 F_2 群体构建了一张含 1 383 个标记的分子遗传图谱，该图覆盖了水稻所用的全部 12 条染色体，总长度 1 575 cM，标记间隔约为 300 kb，平均每隔 1 cM 就有 1

个分子标记。Harushima 等人在图谱的基础上绘制了更高密度的遗传图谱,共含 2 275 个分子标记,平均标记距离仅 0.7 cM,相当于每 190 kb 就含有 1 个标记。研究人员绘制了 SSR 标记的水稻连锁图谱。其后 SSR 标记的优越性日趋明显。2000 年康奈尔大学在 IR64/Azucena DH 群体中共定位了 237 个 SSR 标记。2001 年他们又开发出了 266 个新标记,其中有 200 个在群体中具有多态性,并被重新整合到图谱上,使图谱上的 SSR 标记超过了 500 个。2002 年,McCouch等人又从水稻公共序列数据库中发展和定位了 2 242 个新标记,使得目前已经定位的 SSR 标记达 2 740 个,相当于每 157 kb 就有 1 个 SSR 标记。水稻中预测有 5 700 ~ 10 000 个标记,越来越多的 SSR 标记将应用于遗传图谱中。

1.4.2.3 QTL 定位

随着分子遗传学与数量遗传学的发展,形成了一个新的研究领域——分子数量遗传学(molecular quantitative genetics),其研究目的为在遗传图谱的基础上,用适当的统计分析方法明确 QTL 在染色体中的位置和效应。目前,QTL 定位的方法主要有单标记分析法(single point analysis,SPA)、区间作图法(interval mapping,IM)和复合区间作图法(composite interval mapping,CIM)等。

单标记分析法借助标记基因进行单因子方差分析,通过比较各标记基因型间目标数量性状观察值的差异,建立表型性状和标记基因型之间的关系。QTL 定位最早采用的就是这种方法。这种方法不需要完整的分子标记连锁图,是将标记与表现性状联系起来的最简单的方法,但存在一些缺点:1. 不能确定标记与一个还是多个 QTL 连锁;2. 无法估计 QTL 位置;3. 遗传效应和重组率混合在一起,导致低估 QTL 解释率;4. 容易出现假阳性;5. 检测效率不高,所需个体数较多。目前单标记分析法有均值差检验法(包括 t 检验和方差分析法)和性状单标记回归法。

区间作图法是基于最大似然分析法原理提出的,这种方法借助于完整的分子标记连锁图,计算基因组任意位置上相邻两个标记之间存在或不存在的 QTL 最大似然比对数值(LOD 值)。当 LOD 值超过某一给定阈值(一般在 2 ~ 3 之间)时,QTL 的位置可用 LOD 支持区间表示出来。区间作图法曾被认为是 QTL 定位的标准方法,有以下优点:1. 能从支持区间推断 QTL 可能的位置;2. 假设一条染色体上只有一个 QTL,QTL 位置和效应估计趋于渐近无偏;3. 能使 QTL 检测所需的个体数减少。但区间作图法也存在许多问题:1. 与检测区间连锁的 QTL 会影响检测结果,或导致假阳性,或使 QTL 位置和效应出现偏差;2. 一次只有两个标记进行检测,其他标记信息未被利用。当一条染色体还存在另外的 QTL 时,用该法计算常常会存在偏差。

复合区间作图法是在区间作图法基础上发展起来的方法,是目前应用最广泛的一种方法。它与区间作图法的主要差别有以下两方面:1. 在极大似然分析中应用多元回归模型,从而使一个定义区间内的任一 θ 点上的检测在统计上都不受定义区间之外的其他标记和 QTL 的影响;2. 直接以似然比(likelihood ratio, LR)作为测验统计量。复合区间作图法实际上是对基因组上的若干标记进行回归控制后的 QTL 区间分析,所以可以期望,一方面它可能减少剩余方差,提高发现能力,另一方面它又可能降低测验统计量的显著水平,减少功效。该方法不足之处为可能使测验统计量的显著水平降低,影响 QTL 检出率。在复合区间作图法的基础上,不少学者又进一步提出了改革和创新,其中浙江大学的朱军教授及其课题组提出利用随机效应的预测方法获得基因型效应以及基因型 × 环境互作效应的 QTL 定位分析方法,给出了发育性状的条件 QTL 定位分析方法,并进一步提出了可以检测包括加性效应、显性效应及其环境互作效应的基于混合线性模型的复合区间作图法。值得一提的是,不管是单标记分析法、区间作图法还是复合区间作图法,对效应值较大的 QTL 的检测都有较好的同一性,表明这些方法都是可行的。

1.4.2.4　QTL 定位分析软件和阈值

现在国际上公认的通用 QTL 定位分析软件主要有 Mapmaker/QTL 1.1、QTLMapper 1.0、PLABQTL 等,QTL 定位所用的阈值在 2.0 ~ 3.0($P = 0.01$、$P = 0.005$ 和 $P = 0.001$)之间,但不同研究 LOD 值一般不同,因为最适 LOD 值与群体类型、群体大小和群体表型变异程度都有关。为此,Churchill 等人提出使用排列检验的方法获得理想的 LOD 值,该原理已被 QTL Cartographer 软件采用。

1.4.3　关联分析

家系作图中对基因或 QTL 的比较只局限于双亲及其重组材料,存在较大的局限性,因此对等位变异的认识"只知较好,不知最好",导致 QTL 定位应用于育种的实际效果并不理想。而关联分析能很好地解决这样的问题。关联分析,又称为关联作图(association mapping, AM),该方法起源于人类疾病的遗传研究。与连锁作图相比,关联分析的优点为:1. 花费的时间少,一般以现有群体结构而非固定的自然群体(种内)为研究对象;2. 利用来源广泛的优异种质构成作图群体,可检测到更多的优异等位变异;3. 精度高,可达到单基因水平,能进一步完善 QTL 分析。

目前将传统的形态学数据与分子标记进行关联分析,来进行 QTL 分析,在玉米、水稻和小麦等作物中已开展了研究。

1.4.3.1　选择牵连作用

作物在长期的进化过程中,除自然选择外,还经历了两次大的人工选择,即人工驯化选择和育种选择。自然选择的结果是群体发生了适应性的变化,它可以导致群体对较稳定的生态环境条件更好地适应,所保留的变异对生物的生存与繁衍有利。人工选择是通过人工的方法保存具有优异变异的个体和淘汰具有不良变异的个体,以改良生物的性状和培育新品种的过程,所保留的变异主要对人有利,以人类的好恶(生产性能、经济价值、娱乐观赏价值等)作为选择的标准,表现出很强的目的性。受自然选择和人工选择双重作用较强的作物品种,其基因组中的许多基因都深深地留下了选择的烙印,如水稻的 *Waxy* 基因等。

在生物的自然进化中,当某一"有利"变异(或等位基因)被选中保留并逐渐固定下来后,后代群体中具有此等位基因个体的比例将会大大增加,而具有其他等位基因的个体会逐渐减少甚至消失,因此该位点的遗传多样性降低。同时,由于遗传连锁,该位点两侧的侧翼序列(包括中性位点)也会随着"有利"等位基因的固定而大量保留下来,致使其遗传多样性也大大降低。遗传学中就将这种对个别基因的选择致使其侧翼序列遗传多样性降低的现象称为选择牵连作用。但未受选择影响的基因组的其他区域,其多样性并不会发生改变。在生物的自然进化中,与生命休戚相关的性状的选择引起的选择牵连作用较大,而其他性状选择引起的选择牵连作用较小;育种家对感兴趣的农艺性状的选择也会导致较强的选择牵连作用发生。因此,如果一些基因区段或基因座多样性显著偏低,就可推断该基因区段或基因座附近存在着控制重要性状的基因或主效 QTL。

自然选择和人工选择引起的选择牵连作用通常会产生如下效应:显著降低被选择位点(靶基因)及其两侧侧翼序列的遗传多样性,改变该区各位点等位变异的分布模式,使它们产生偏分布(即不均衡分布),增加该基因组区段位点间的遗传连锁不平衡。

1.4.3.2 连锁不平衡

(1)连锁不平衡的概念

关联分析是利用不同位点等位基因间的连锁不平衡关系,进行标记性状的相关性分析,以达到鉴定特定目标性状基因(或染色体区段)的目的。因此,首先需要了解连锁不平衡的含义。连锁不平衡,又称等位基因关联,是指群体内不同基因座位上等位基因间的非随机性关联,它既包括染色体内的连锁不平衡,又包括染色体间的连锁不平衡,在关联分析中利用的是染色体内的连锁不平衡。当位于某一座位的特定等位基因与同一条染色体另一座位的某一等位基因同时出现的概率大于群体中两个等位基因因随机分布而同时出现的概率时,就称这两个座位处于连锁不平衡状态。

连锁和连锁不平衡的概念经常被混淆,二者在本质上是不同的。连锁是指一条染色体上的两个位点因物理连接而产生的相关遗传,而连锁不平衡是指一个群体内等位基因间的关联。紧密连锁会导致高水平的连锁不平衡。例如,两个等位基因之间的距离只有几个碱基,那么在进化过程中它们承受的选择压力是相同的,而且遗传漂移的时间也相同,相邻碱基间很难发生重组,因此紧密连锁导致了高水平的连锁不平衡。

(2)连锁不平衡的计算方法

D 是衡量连锁不平衡的基本参数。如连锁的两个基因座位上的等位基因分别为 A、a 和 B、b,等位基因频率分别是 π_A、π_B、π_a 和 π_b,则四种单体型频率为 π_{AB}、π_{aB}、π_{ab} 和 π_{Ab},所有连锁不平衡统计的最基本成分是实测到的单体型频率与期望单体型频率之间的差异。

$$D = \pi_{AB} - \pi_A \pi_B$$

当 $D = 0$ 时,两个基因座位处于连锁平衡状态。

当 $D \neq 0$ 时，两个基因座位处于连锁不平衡状态。

连锁不平衡的衡量方法有很多，利用 D' 值（标准不平衡系数）进行计算就是一个常用的方法。它以 D 值为基础，是 D 与 D 的最大可能值（当 $D < 0$ 时为最小可能值）的比值，是一个与频率无关的量。

$$|D'| = \frac{D_{ab}^2}{\min(\pi_A, \pi_b, \pi_a, \pi_B)}(D_{ab} < 0), \quad |D'| = \frac{D_{ab}^2}{\min(\pi_A, \pi_B, \pi_a, \pi_b)}(D_{ab} > 0)$$

当 $D' = 1$ 时，表示两个座位间没有发生重组，但等位基因频率不相同，群体内只能同时出现三种单体型。此时 D' 反映了最近一次突变发生后突变位点与邻近多态性位点的关系。$|D'| < 1$ 时，两座位之间发生重组，群体中可以同时观测到四种单体型。D' 值是估算重组差异的最精确的量。

连锁不平衡在染色体上的衰减距离一般为 $D' = 0.5$ 时在染色体上的遗传距离。描述连锁不平衡在染色体上的分布一般采用连锁不平衡衰减散点图和连锁不平衡配对检测的矩阵图。前者可以观测连锁不平衡随遗传或物理距离变化的下降速率，后者可以直接观测同一染色体的基因座位或基因的多态性位点之间连锁不平衡的线性排列。

（3）影响连锁不平衡的因素

由于连锁不平衡是关联分析的遗传基础，因此首先要了解基因组中连锁不平衡结构。对人类基因组的研究表明连锁不平衡结构有很大差异，Ardlie 等人发现在特定的区域内紧密相邻的标记间几乎没有连锁不平衡的存在，而 Reich 等人在一些区域内发现平均连锁不平衡的范围可达到 60 kb。

对玉米和拟南芥两种模式作物的连锁不平衡结构的研究结果表明，不同遗传背景的群体连锁不平衡消失范围差异同样较大。Tenaillion 等人对美国以外 16 个玉米地理品种和 9 个美国玉米近交系共 25 个基因型的染色体上的 21 个位点进行研究，发现连锁不平衡的平均消失范围为 400 kb，而美国近交系中连锁不平衡的消失范围达到了约 1 kb；Remington 等人对 102 个近交系的研究也表明连锁不平衡存在差异，其中 *id1*、*tb1*、*d3*、*d8*、*sh1* 5 个基因的连锁不平衡消失范围为 200 ~ 1 500 bp，而另一个 *su1* 基因的连锁不平衡消失范围约为 10 kb；Whitt 等人进一步研究发现 *su1* 基因是由于受到栽培驯化过程中的定向选择作用而存在较大的连锁不平衡消失范围;研究人员在对 36 个玉米近交系种质进行研究后发现 18 个基因在 500 bp 范围内几乎观察不到连锁不平衡的减少。玉米的连锁不平衡在较短的范围内减少和迅速消失的原因在于玉米高频率的重组。另外,高度自交的拟南芥与玉米明显不同,其连锁不平衡延伸的范围十分广泛,拟南芥连锁不平衡的消失范围为 10 ~ 400 kb,变化范围远远大于异花授粉的玉米基因组连锁不平衡范围。水稻是高度自交的作物,Garris 等人发现水稻的连锁不平衡衰减慢,范围在 100 kb 以上。以上研究表明,不同物种、同一物种的不同群体、同一群体的不同座位其基因组间的连锁不平衡是不同的,连锁不平衡的下降范围有很多差别,可见表 1 - 1。交配体系是影响连锁不平衡的最重要因素之一,自交植物的衰减距离要远远大于异交植物。

除重组对连锁不平衡产生较大的影响外,遗传漂变、选择、瓶颈效应、群体融合等诸多因素也影响连锁不平衡的程度和分布。对特定等位基因进行高强度选择会降低此基因座及其周围的遗传多样性,导致连锁不平衡的增加。

表 1 - 1 不同物种的连锁不平衡衰减距离

物种	交配系统	衰减距离
玉米	异交	—
玉米农家种	—	1 kb
玉米具有广泛变异的自交系	—	1.5 kb
玉米优良自交系	—	>100 kb
白杨	异交	<1 kb
拟南芥	自交	50 kb
水稻	自交	>100 kb
大麦	自交	<10 cM
甘蔗	无性繁殖	10 cM

1.4.3.3 关联分析与连锁不平衡结构

关联分析的核心是功能变异位点和与之存在物理连锁的标记间的连锁不平衡。单体型结构的确定是准确有效进行关联分析的基础,并决定着关联分析的分辨率高低。进行以连锁不平衡为基础的关联分析时,需要考虑不同基因的连锁不平衡衰减距离以及所使用材料的代表性。

一般来说,对于位点间连锁不平衡水平较低的染色体区段,在进行关联分析时需要检测的分子标记较多,但是极易找到与靶基因(或 QTL 位点)紧密连锁的标记,实现精确作图;反之,在连锁不平衡水平高的基因组区段,检测很少的标记就能找到与目标位点相关联的标记,但是却很难找到与目标位点紧密连锁的标记,作图效果不会太理想。

关联分析根据扫描范围,可分为全基因组途径和候选基因途径两种类型。连锁不平衡的本质决定进行关联分析时选择的类型。

全基因组途径:基于标记水平,通过对引起表型变异的突变位点进行全基因组扫描来实现,一般不涉及候选基因的预测,是数量性状分析的一条有效途径。基于少量分子标记(<200)的关联分析只是粗略意义上的全基因组关联分析。

候选基因途径:基于序列水平,通过统计分析在基因水平上将那些对目标性状有正向贡献的等位基因从种质资源中挖掘出来,最早应用于人类遗传学的研究,是鉴定候选基因功能的一个非常有效的方法。

当基因组的连锁不平衡水平比较高时,进行关联分析需要的标记数目少,但分辨率低,应适合全基因组扫描。当连锁不平衡快速衰减时,就需要进行高密度的标记关联分析,如果进行全基因组扫描难度比较大,则高分辨率更适合候选区域的关联分析。

1.4.3.4 关联分析与群体结构

关联分析在人类疾病研究中取得了一定的成就,但应用于植物遗传研究并不多见,原因在于许多主要农作物复杂的育种史和少数基因流入多数的野生植株,在种质中建立了复杂的系谱关系而使植物界一个群体内存在亚群。亚群的混合使整个群体的连锁不平衡水平较高,可能导致统计分析中检测到的多态性和性状间的关联并非由功能性等位基因引起,从而提供伪关联(spurious association)。为了减少这种假阳性结果,关联分析前有必要对群体进行结构分析和调节。Pritchard 等人发展了一种利用基因组中大量独立 SSR 标记来划分群体结构的方法,该方法应用于玉米 *dwarf*8 基因多态性和玉米开花期的关联分析中获得了较好的效果。此外,有多个研究小组针对 *dwarf*8 基因多态性和玉米开花期进行了关联分析。Tornsberry 等人利用 92 个玉米自交系对 *dwarf*8 基因全长进行测序分析,发现 9 个多态性位点与玉米开花期(抽穗期和吐丝期)显著相关;随后,Andersen 等人用 71 个欧洲玉米自交系扫描了这 9 个多态性位点,在不考虑群体结构的情况下能检测到 6 个多态性位点与玉米开花期显著相关,但考虑到群体结构时,与玉米开花期相关的多态性位点减少。Camus - kalandaivelu 等人进一步用包含 375 份玉米自交系和 275 份当地品种的大群体对 *dwarf*8 基因进行研究,也发现群体结构对关联分析的结果有很大的影响。

以上结果表明,尽管关联分析对于同一个基因报道的研究结果有所不同,但对效应值比较大的位点,不管利用何种材料、何种统计分析方法,在任何试验地点都能检测到。

1.4.3.5　关联分析的统计方法

根据关联分析使用的不同样本,设计不同的统计方法来排除群体结构的影响。如果是基于家系的样本,一般用传递不平衡分析(transmission disequilibrium test,TDT)来研究其遗传基础。数量性状的检测用数量 TDT(QTDT)来进行。当研究基于群体结构的样本时,基因组对照(GC)和结构化关联(SA)是两种常用的方法。当采用 GC 时,先假定群体结构对所有位点的影响相当,然后用一组随机标记来评估群体结构对检验统计产生的影响程度。相反,SA 首先用一组随机标记来评估群体结构,然后将这个评估结果合并到随后的统计分析中。采用逻辑回归进行 SA 分析已经成功应用到植物的关联分析中。

目前,又发展出一种一元混合模型(MLM)方法应用于关联分析中,该方法能够考虑多重水平的系谱关系。在这种方法中,随机标记被用来评估群体结构和相应的系谱关系矩阵,这两个结果都会被整合到一个混合模型框架中,用于检验标记与性状间的关联。

1.4.4　家系作图和关联分析在数量性状中的应用

对控制重要经济和产量性状的基因进行 QTL 定位和克隆是分子生物学家和遗传育种学家共同关注的热点,其目的是发现优异等位基因的信息,以便加以有效利用。目前基于分离群体进行 QTL 定位和克隆是主要途径,但是基于有限亲本材料所构建的分离群体的 QTL 定位存在一定的局限性,有可能找不到目标等位基因。比如,常规的 QTL 分析方法不能鉴定出在分离群体的两个亲本中都存在但没有差异的等位基因。这也是该法定位到的 QTL 数目少于关联分析结果的重要原因之一。

鉴于家系作图和关联分析是两种不同的遗传学思路,美国国家科学基金会(NSF)于 2004 年启动了一个大型研究项目"玉米基因组的结构和功能多样性研究",试图从两方面来弥补其不足:一是筛选最有代表性的玉米自交系材料,并组配了 25 个 RIL 群体,对自交系和 RIL 群体进行多年多点的田间试验和性状评估,通过全基因组的标记分析发现更多的 QTL;二是对大量候选基因进行基于连锁不平衡的关联分析,以确定基因的功能并寻找最优等位基因。最近该研究已经取得一定的进展。家系作图和关联分析在数量性状研究上都具有重要的作用,它们在 QTL 定位的精度和广度、提供的信息量、统计分析方法等方面具有明显的互补性。家系作图可以初步定位控制目标性状等位基因的位置;而关联分析则可快速对目标基因进行精细定位,并针对特定候选基因提供大量信息,验证候选基因功能。结合家系作图和关联分析的优点,分别从纵向和横向对数量性状进行剖析,将加快数量性状基因的鉴定和分离克隆,为深入认识数量性状的遗传学和分子生物学基础以及作物数量性状的遗传改良提供新的契机。

1.5　数量性状基因在水稻育种中的应用

1.5.1　水稻种质资源中有利基因的发掘

对于控制某性状的基因来说,在不同种质资源中存在的不同等位基因可能是造成表型差异的真正原因。高效利用种质资源,最根本的途径是在发现多个等位基因的基础上,深入了解不同等位基因的作用并找到正向效应最大的等位基因,以便在常规育种或分子育种中有目的地聚合或转移,甚至通过分子设计来达到提高育种效率的目的。目前家系作图和关联分析是发现优异等位基因并加以利用的主要方法,但是,基于有限亲本材料的 QTL 定位有可能找不到真正的目标基因,而利用自然群体的关联分析在大规模发掘优异基因的同时能够找到携带优异等位基因的载体材料,它们在 QTL 定位的精度和广度上有明显的互补作用,所以结合两者的优点为优异等位基因的发掘及利用提供了新方法,为深入认识数量性状的分子生物学基础以及作物数量性状遗传改良提供了新的思路。

1.5.2 分子标记辅助选择改良数量性状

分子标记辅助选择(marker‐assisted selection, MAS)主要是利用分子标记与目的基因紧密连锁或共分离的关系,用标记对育种材料进行目标区域选择,同时对全基因组进行筛选,减少连锁累赘(linkage drag),从而快速获得期望的新材料。大量 QTL 的研究表明,有利的 QTL 等位基因分散在双亲中,表现为互补作用,在实践中借助与 QTL 等位基因紧密连锁的分子标记将有利的 QTL 等位基因聚合,性状会得到显著改善。但 QTL 分析往往在 F_2、BC_1 和 RIL 群体中,农艺性状较差的亲本的等位基因同样以较高的频率在群体中出现,当发现有潜在价值的 QTL 等位基因后,为消除农艺性状较差的亲本背景,必须通过多次回交才能在生产上应用。针对数量性状的特征,Tanksley 等人提出了一种新的分子育种策略,把 QTL 分析进程与品种选育过程结合起来,即回交高世代 QTL 分析(advanced backcross QTL, AB‐QTL),利用此方法,可以把综合性状差的种质资源(野生种和地方品种)中的有价值基因座位等位基因揭示出来,同时,把它们转移到优良的栽培材料中,达到改良作物的目的。通常 AB‐QTL 策略包含下列几个步骤:(1)用良好的育种材料与适应性差的材料(供体)杂交得到种子;(2)用杂种与育种材料回交,得到回交群体,定位不同性状的 QTL,同时用标记或表现型对供体的优良等位基因进行选择;(3)继续回交,对 BC_2 或 BC_3 群体进行分子标记调查;(4)产生农艺性状得到改良的 BC_3 或 BC_4 家系,分析 QTL;

（5）用标记辅助选择筛选以受体遗传背景为主的含有供体亲本基因组的目的基因区域,产生近等基因系;（6）评价近等基因系和亲本的农艺性状表现。

1.5.3 水稻数量性状基因克隆

植物中 QTL 在特定的群体里表现为孟德尔因子,可以采用图位克隆的方法加以克隆。图位克隆 QTL 即构建仅在靶位点分离的近等基因系极大群体,利用与基因紧密连锁的两侧标记筛选出重组单株;以基因两侧紧密连锁的分子标记筛选基因组文库,进行染色体步移(chromosome walking),构建物理图谱,即包含基因在内的阳性克隆重叠群(contig);在基因群附近开发高密度的分子标记,利用重组单株尽可能缩小目标区段,通过对目标区段的比较测序、生物信息学分析、表达分析和遗传转化试验等分离克隆基因。从近几年发展来看,在对 QTL 进行初步定位的基础上,对主效 QTL 进行精细定位,成为图位克隆 QTL 的起点。

目前,世界各国的科学家应用不同的群体,对水稻大多数性状进行了 QTL 定位。自 Yano 等人成功克隆了第一个水稻 QTL – $Hd1$ 以来,水稻 QTL 克隆取得了较快的发展,而且每年克隆的数量呈现增长趋势,仅 2008 年就克隆了 4 个数量基因($qSW5$、$Ghd7$、$Prog1$ 和 $GIf1$),其中 $Prog1$ 由林鸿宣研究员和孙传清教授几乎同时成功进行了克隆。目前已报道成功克隆的水稻 QTL 有 19 个,由我国科学家克隆的有 11 个,可见我国在水稻 QTL 克隆方面是处于世界领先水平的。成功克隆的数量性状基因中与生育期相关的有 $Hd1$、$Hd6$、$Hd3a$、$Ed1$,与产量相关的有 $Gnla$、$GW2$、$GS3$、$qGY2-1$、$qSH1$、$Sh4$、$qSW5$ 和 $GIf1$,与抗性相关的有 $SKC1$、$qUVR-10$、$PSR1$ 和 $Sub1A$,与株型相关的有 $TAC1$ 和 $Prog1$,$Ghd7$ 是控制水稻产量和生育期的多效性基因。产量性状或者是与产量性状相关的性状依然是国内外学者研究的重点。

1.6 本书的研究目的、意义和技术路线

近年来,随着农业劳动力成本的升高,水稻直播栽培因具有省工省时的特点被广泛采用。由于水稻直播是将种子直接播在复杂田间土壤环境中,全苗壮

苗问题成为目前直播水稻发展中又一制约因素。直播水稻苗期生长主要受到低温胁迫、缺氧胁迫的影响,培育具有高活力和耐缺氧能力直播品种是保障直播水稻苗期迅速一致萌发的关键。太湖流域是我国水稻高产区,也是有据可考的栽培历史最为悠久的地区之一。本实验室前期对太湖流域水稻地方品种的遗传多样性进行了研究,构建了由 129 个品种组成的核心种质,并对核心种质的 SSR 标记特征特性进行了分析。

本书将以太湖流域水稻资源为基础,对种子活力和幼苗耐缺氧能力进行遗传变异和 QTL 定位分析,以期为培育适于直播品种的分子辅助育种提供理论基础。

本书拟从以下三个方面开展研究:

1. 以太湖流域 5 个生态型 297 个水稻品种为试验材料,对水稻种子活力和幼苗耐缺氧能力的遗传变异进行分析,并研究二者与水稻直播成苗指标的关系。

2. 以缺氧反应指数为水稻耐缺氧能力的衡量指标,利用 3 个不同遗传背景的群体进行水稻耐缺氧能力的 QTL 分析和分子标记,发掘耐缺氧能力优异等位变异及携带优异等位变异的载体材料。

3. 以斜板法中水稻幼苗的根长、苗高和干重为种子活力的衡量指标,利用 3 个不同遗传背景的群体进行种子活力的 QTL 分析和分子标记,发掘种子活力性状优异等位变异及携带优异等位变异的载体材料。

拟采用以下技术线路完成以上的研究目标,可见图 1 – 3。

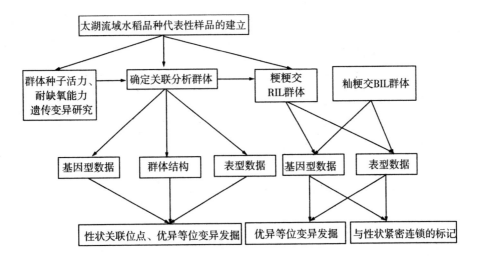

图 1-3 技术线路图

2 材料与方法

2.1 试验材料

2.1.1 太湖流域水稻种子活力和耐缺氧能力遗传变异研究的材料

水稻品种 299 个,其中 297 个为太湖流域地方品种,2 个为生产上育成的品种(做对照)。297 个地方品种按照抽穗期的早晚分为 5 个生态型:生态型 I 为早熟中粳(8 月 1 至 10 日抽穗),生态型 II 为中熟中粳(8 月 11 至 20 日抽穗),生态型 III 为迟熟中粳(8 月 21 至 31 日抽穗),生态型 IV 为早熟晚粳(9 月 1 至 10 日抽穗),生态型 V 为中熟晚粳(9 月 10 日以后抽穗)。各生态型及对应的品种名称见表 2-1。

表 2-1 299 个水稻品种的名称及种子活力指数、缺氧条件下芽鞘长代号

生态型	名称(活力代号、芽鞘长代号*)	生态型	名称(活力代号、芽鞘长代号*)
生态型 I 早熟中粳	江阴糯 1(3、3)	生态型 I 早熟中粳	江北红壳糯(2、4)
	团粒籼(7、3)		溧阳糯 1(6、4)
	洋籼糯(5、4)		阔叶黄(3、5)
	江北糯 1(3、5)		愧花糯(7、5)
	杭州糯(4、5)		早小白稻(4、6)
	一时兴 2(4、6)		头等一时兴(4、7)
	慢红谷(4、7)		红芒糯 1(4、5)
	白壳糯 1(5、3)		无锡稻 1(7、5)
	早糯稻(4、4)		果子糯 1(4、7)
	处暑糯(2、5)		无芒早稻(7、9)
	一时兴 1(4、3)		

续表

生态型	名称(活力代号、芽鞘长代号＊)	生态型	名称(活力代号、芽鞘长代号＊)
生态型Ⅱ 中熟中粳	抱蕊太湖青(6、2)	生态型Ⅱ 中熟中粳	迟谷稻(6、5)
	早一时兴(1、4)		芦花白(7、5)
	白芒糯1(4、4)		大种稻(2、6)
	荒三石1(4、4)		老黄稻1(3、6)
	白壳糯2(6、4)		浦东青(4、6)
	洋铃稻(6、4)		金台糯(4、6)
	红须稻(2、5)		陈家种(4、6)
	金花糯(2、5)		四一二(4、6)
	铁杆光(3、5)		白芒糯2(4、6)
	黄稻(3、5)		蟹皮黄(5、6)
	洋早十日(4、5)		小白稻(5、6)
	晚籼(4、5)		荒三石糯稻(4、9)
	白芒一时兴(4、5)		
生态型Ⅲ 迟熟中粳	老头大稻(3、3)	生态型Ⅲ 迟熟中粳	江丰4号(6、4)
	红壳糯1(4、3)		麻茎稻(6、4)
	长稻头(4、3)		粳谷糯(2、5)
	香粳糯稻1(2、4)		红芒沙粳(2、5)
	晚中牛黄(2、4)		洗帚种1(2、5)
	红壳糯2(4、4)		野稻1(3、5)
	73－208(4、4)		江西糯(3、5)
	小麦2号(4、4)		牛毛黄(3、5)
	白毛梢(5、4)		木樨球1(3、5)
	麻筋稻(5、4)		东方红2号(3、5)

续表

生态型	名称(活力代号、芽鞘长代号＊)	生态型	名称(活力代号、芽鞘长代号＊)
生态型Ⅲ迟熟中粳	白壳糯3(3、5)	生态型Ⅲ迟熟中粳	毛光稻(4、6)
	小罗汉黄(3、5)		霜降青糯稻(4、6)
	东方红1号(4、5)		老晚稻(4、6)
	木渎种1(4、5)		二黑稻(5、6)
	摧稻(4、5)		黄粳稻(5、6)
	早榫球(4、5)		大禾稻(5、6)
	红壳糯3(4、5)		水晶稻(5、6)
	长萁光1(5、5)		晚木榫球1(5、6)
	小罗汉(2、6)		小凤凰1(5、6)
	毛头稻(2、6)		昆农8号(5、6)
	周家种(2、6)		晚牛毛黄(5、6)
	大丰粘(2、6)		单选131(5、6)
	木榫球2(3、6)		**武运粳7号(5、6)**
	金坛稻1(3、6)		苏粳6号(6、6)
	桂花黄(3、6)		大禾种(6、6)
	齐江青(4、6)		黄稻(6、6)
	金坛稻2(4、6)		**武育粳3号(6、6)**
	天落黄(4、6)		长萁野稻(2、7)
	矮小糯(4、6)		立冬稻(3、7)
	老头老来红(4、6)		晚中秋(3、7)
	大壳黄(4、6)		红芒香粳糯(3、7)
	香粳糯稻2(4、6)		无锡稻2(3、7)
	晚光头(4、6)		花壳糯1(4、7)

续表

生态型	名称(活力代号、芽鞘长代号＊)	生态型	名称(活力代号、芽鞘长代号＊)
生态型Ⅲ 迟熟中粳	荒三石2(4、7)	生态型Ⅲ 迟熟中粳	灰藻(7、7)
	晚白歌(4、7)		一粒芒(3、8)
	洋糯稻1(5、7)		早黄稻(4、8)
	荒三石3(5、7)		晚中秋(4、8)
	中秋葡萄糯(5、7)		大头黄(6、8)
	保五石(6、7)		早黄稻(7、8)
	345号(7、7)		二六一(4、9)
	农桂晚4号(7、7)		
生态型Ⅳ 早熟晚粳	九斤头(1、1)	生态型Ⅳ 早熟晚粳	野稻2(3、4)
	荒三担糯稻(3、1)		长紫仲家种1(3、4)
	一生稻(2、2)		杭州糯(3、4)
	凤凰稻(3、2)		白壳糯4(4、4)
	三光稻(3、2)		小白银杏(4、4)
	矮萁绿种(2、3)		掼刹糯1(4、4)
	小凤凰2(2、3)		太湖青(4、4)
	晚木榉球2(2、3)		矮紫仲家种(4、4)
	无锡种(4、3)		白芒糯3(4、4)
	洗帚种(4、3)		有芒白稻(4、4)
	芦花白(4、3)		敲冰黄(5、4)
	长萁光2(4、3)		菱白叶青(5、4)
	鸟锈糯(1、4)		三早齐(5、4)
	三吓稻(1、4)		黄谷粳稻(5、4)
	霜降青糯稻(2、4)		木渎种2(6、4)
	小黄早(2、4)		江阴种(6、4)

续表

生态型	名称（活力代号、芽鞘长代号＊）	生态型	名称（活力代号、芽鞘长代号＊）
生态型Ⅳ早熟晚粳	洋凤凰(6、4)	生态型Ⅳ早熟晚粳	长稻嘴凤凰(5、5)
	薄稻1(6、4)		长其光3(5、5)
	白糯稻(1、5)		早光头(5、5)
	香珠糯(2、5)		黄谷大稻头(5、5)
	大稻头1(2、5)		呆长青(5、5)
	掼利糯2(2、5)		饭箩青(5、5)
	红秆荔枝红(3、5)		红芒糯2(5、5)
	小黄稻(3、5)		芦粳青(5、5)
	晚野稻(3、5)		洋糯稻5(5、5)
	铁壳晚光头(3、5)		大稻头2(6、5)
	鸭血糯2(3、5)		大稻穗头(6、5)
	万年青1(3、5)		水晶白稻(6、5)
	溧阳糯2(3、5)		老头大稻(6、5)
	果子糯2(4、5)		白壳荒三石(7、5)
	白壳糯5(4、5)		红芒糯3(7、5)
	晚黄稻(4、5)		长紫仲家2(8、5)
	薄稻2(4、5)		万年青2(8、5)
	洋稻飞来凤(4、5)		香粳糯1(2、6)
	荒三石5(4、5)		石芦种(2、6)
	长粳糯(4、5)		鸭血糯1(2、6)
	晚木樨球3(4、5)		东亭2号(2、6)
	黄金糯(4、5)		洋飞来凤(2、6)
	老白稻(5、5)		江北糯3(2、6)
	猪鬃糯(5、5)		矮黄稻(2、6)

续表

生态型	名称（活力代号、芽鞘长代号＊）	生态型	名称（活力代号、芽鞘长代号＊）
生态型Ⅳ 早熟晚粳	香芒糯(3、6)	生态型Ⅳ 早熟晚粳	矮白稻1(6、6)
	小青芒(3、6)		铁壳稻(6、6)
	晚白果(3、6)		洋糯稻4(6、6)
	硬头稻(3、6)		晚光头2(6、6)
	杨庙种(3、6)		矮其光2(6、6)
	洋光头(4、6)		鹅营白粳稻(6、6)
	香粳稻(4、6)		晚罗汉稻(6、6)
	摧稻(4、6)		小青稻1(7、6)
	洋糯稻3(4、6)		单红谷(2、7)
	老黄稻2(4、6)		洋稻2(2、7)
	白壳矮晚(4、6)		菱角糯(3、7)
	洋稻1(5、6)		花壳糯2(3、7)
	白壳糯6(5、6)		太湖糯稻(3、7)
	黑种(5、6)		香粳糯1(3、7)
	无芒晚八哥头(5、6)		红谷稻(4、7)
	白壳糯7(5、6)		晚洋稻(4、7)
	大青种(5、6)		木樨球糯(4、7)
	矮黄种(5、6)		菊花黄(4、7)
	矮其光1(5、6)		黄糯(4、7)
	小白野稻(5、6)		慢白稻(4、7)
	晚光头1(5、6)		江北糯2(4、7)
	早黑头红(5、6)		野稻3(4、7)
	无芒野稻(5、6)		苏粳2号(4、7)
	矮种罗汉黄(5、6)		绿种1(4、7)

续表

生态型	名称(活力代号、芽鞘长代号＊)	生态型	名称(活力代号、芽鞘长代号＊)
生态型Ⅳ 早熟晚粳	小黄稻(4、7)	生态型Ⅳ 早熟晚粳	黄绿种(7、8)
	补血糯(4、7)		大绿种(8、8)
	五石糯(5、7)		芦黄种(9、8)
	大种稻(5、7)		风景稻(4、9)
	早野稻(5、7)		鸡脚糯(4、9)
	铁粳青(5、7)		矮石种(5、9)
	老头八五三(6、7)		粗秆荔枝红(7、9)
	绿种2(6、7)		粗营晚洋稻(7、9)
	细紫糯(6、7)		晚八哥头(8、9)
	细茎晚野稻(6、7)		荒三石4(8、9)
	洋糯稻2(6、7)		大稻头3(8、9)
	洋铃稻(6、7)		乌金香糯(9、9)
	白叠谷(7、7)		硬头茎(10、9)
	晚木樨球4(7、7)		三百粒头(10、9)
	赤谷晚稻(8、7)		无锡野稻(6、10)
	叶里盂(4、8)		上海青(6、10)
	黄糯2(7、8)		薄稻3(10、10)
生态型Ⅴ 中熟晚粳	晚糯稻(2、1)	生态型Ⅴ 中熟晚粳	芦紫红(7、6)
	矮子粳稻(3、4)		长种(5、6)
	水晶白稻(5、4)		小青种2(8、7)
	雪里青(7、6)		王家种(9、7)
	苏粳4号(5、6)		洋稻3(5、9)

注：＊活力代号与表3-1中组限代号意义相同；芽鞘长代号与表3-2中组限代号意义相同。带有下划线的品种为直播成苗试验材料；黑体字品种为对照品种。

2.1.2 籼粳交 BIL 群体种子活力和幼苗耐缺氧能力的 QTL 分析的材料

粳稻亲本 Nipponbare（P_1）、籼稻亲本 Kasalath（P_2）以及由 Nipponbare/Kasalath//Nipponbare 回交组合通过单粒传法获得的由 98 个株系组成的 BIL 群体。

2.1.3 粳粳交 RIL 群体种子活力和幼苗耐缺氧能力的 QTL 分析的材料

粳稻品种秀水 79（P_1）、C 堡（P_2）（见图 2-1）及其杂交后代通过单粒传法衍生的 RIL 群体 247 个株系。2008 年世代为 $F_{10;11}$。秀水 79 为浙江省嘉兴市农业科学研究所选育的粳稻常规品种（1996 年通过江苏省审定），在南京 5 月中旬播种，8 月中旬抽穗。C 堡是安徽省农业科学院选育的粳稻恢复系，生育期与秀水 79 相近。

图 2-1 粳稻品种秀水 79 和 C 堡植株

2.1.4　太湖流域水稻品种种子活力和耐缺氧能力的 QTL 的关联分析

94 份自然品种构成的自然群体,包括太湖流域水稻地方品种核心种质 58 份和育成品种 36 份,见表 2 - 2。自然群体符合关联分析对群体非结构性和无直接亲缘关系的要求。

表 2 - 2　太湖流域水稻自然群体 94 个品种的名称

类别	品种	类别	品种
地方品种	鸭子黄	地方品种	二黑稻
	红芒沙粳		小青种
	晚黄稻		早光头
	果子糯		小罗汉黄
	水晶白稻		苏州青
	无芒早稻		晚芦栗
	三百粒头		晚八果
	粗营晚洋稻		恶不死糯稻
	洋铃稻		老叠谷
	晚野稻		野凤凰
	敲冰黄		陈家种
	铁粳青		早黑头红 1
	小白野稻		罗汉黄
	抱芯太湖青		龙沟种
	江丰 4 号		石芦青
	苏粳 4 号		立更青
	老头大稻		早黑头红 2
	薄稻		老来红

续表

类别	品种	类别	品种
地方品种	晚木榠球	地方品种	开青
	荒三石		慢野稻
	粗杆黄稻		白壳糯
	早十日黄稻		白芒糯
	盛塘青 1		香珠糯
	小慢稻		鸭血糯
	盛塘青 2		籼恢 429
	晚慢稻		紫尖籼 3
	南头种		荒三担糯稻
	打鸟稻		二粒瘟
	孔雀青		金谷黄
育成品种	嘉 159	育成品种	粳糯（紫尖）
	泗稻 10 号		南农粳 62401
	武羌		通粳 109
	武育粳 3 号		扬稻 6 号
	秀水 04		宁粳 1 号
	镇稻 88		武粳 15
	镇稻 6 号		武香粳 14
	台粳 9 号选		徐稻 3 号
	台粳 16 选低 AC		南农粳 003
	台粳 16 选		南农粳 005
	滇屯 502 选早		5 粳 20
	H35(6435)		5 粳 15
	H37(6427)		秣陵粳

续表

类别	品种	类别	品种
育成 品种	5 粳 03	育成 品种	盐稻 6 号
	5 粳 68		阳光 200
	徐稻 4 号		连粳 2 号
	徐稻 5 号		秀水 79
	淮稻 9 号		C 堡

2.2　试验方法

2.2.1　田间种植

5 月 10 日将 297 个太湖流域地方品种和 2 个生产上的育成品种(做对照)试验材料播于南京农业大学江浦实验农场,6 月 15 日移栽。

第 2 年 5 月 7 日将 Nipponbare/Kasalath//Nipponbare BIL 群体及亲本播于南京农业大学江浦实验农场,6 月 15 日移栽。

第 2 年正季将自然群体 94 份材料种植于南京农业大学江浦实验农场。5 月 7 日播种,6 月 15 日移栽。

第 3 年正季将秀水 79(P_1)、C 堡(P_2)和 RIL 群体 247 个株系种植于南京农业大学江浦实验农场。5 月 7 日播种,6 月 15 日移栽。

第 1 年至第 3 年移栽规格相同。每份材料移栽 2 行,每行 8 穴,每穴移栽 1 粒种子长成的苗。株距 16.7 cm,行距 20.0 cm。两次重复。常规栽培管理。抽穗后 45～50 d(因稻穗大小而异)收获。每个材料采收行中间的 5 株,约 3 000 粒。收获的种子晒干后,置于 50 ℃烘箱中处理 5 d 打破休眠。

2.2.2 活力的测定

每个品种取 100 粒种子放入直径 9 cm 的培养皿中,加入 0.6% 次氯酸钠溶液浸泡 15 min 进行灭菌。灭菌后用自来水冲洗 3 遍,然后在自来水中 25 ℃ 条件下浸泡 48 h。吸足水分的种子,用于种子活力的测定。

(1)种子活力指数测定:取 30 粒吸足水分的饱满种子,放在培养皿中培养,培养皿中含有吸水达饱和的蛭石。分别于培养后 3 d、4 d、5 d、6 d 和 7 d 记录正常幼苗数,2 次重复。试验均在智能光照培养箱中进行,培养箱设置为 20 ℃、黑暗、16 h、30 ℃、光照、8 h。

活力指数 $= \sum (G_t/t) \times 7$ d 幼苗的干重(幼苗在 70 ℃ 烘干 48 h)。

其中:G_t 是指第 t 天新萌发的正常幼苗数,t 是指发芽的天数。正常幼苗判定依据《国际种子检验规程》。

(2)种子活力相关性状测定:采用斜板法,即取 20 粒吸足水分的饱满种子并排放置在覆盖两层发芽纸的塑料板上,上面加盖一层发芽纸,塑料板倾斜 70° 放置在发芽盒中,盒中水以 3 cm 高为标准,可使发芽纸既保持一致的含水量又不会淹没种子。试验在智能光照培养箱中进行。培养箱设置为 20 ℃、黑暗、16 h、30 ℃、光照、8 h。2 次重复。

测定的性状:

幼苗根长:测量第 7 天的初生根长度,即初生根着生部位到根尖的距离(mm),精确到 1 mm。计算 10 株幼苗根长的平均值,2 次重复。

幼苗苗高:测量第 7 天的幼苗高度,即幼苗着生部位到幼苗顶端的距离(mm),精确到 1 mm。计算 10 株幼苗苗高的平均值,2 次重复。

幼苗干重:称量第 7 天幼苗的干重,即将剥离种子及稃壳的幼苗放在 70 ℃ 的烘箱中 48 h,称量 10 株幼苗的质量,精确到 1 mg,2 次重复。

芽鞘长:测量第 7 天芽鞘着生部位到芽鞘顶端的距离(mm),精确到 1 mm。计算 10 株幼苗芽鞘长的平均值,2 次重复。

2.2.3　幼苗耐缺氧能力的测定

每个品种取 100 粒种子放入直径 9 cm 的培养皿中,加入 0.6% 次氯酸钠溶液浸泡 15 min 进行灭菌。灭菌后用自来水冲洗 3 遍,然后在自来水中 25 ℃ 条件下浸泡 48 h。吸足水分的种子,用于幼苗耐缺氧能力的测定。

缺氧条件下幼苗芽鞘长的测定:取 20 粒吸足水分的种子置于 5 cm 水深条件下发芽。种子放在有 150 个方孔的塑料培养盘(由抛秧盘改造而来)中,每个方孔内放 4 粒种子;方孔的长、宽、高分别为 1.9 cm、1.9 cm、3.8 cm,方孔的底部有直径为 0.6 cm 的排水孔。把塑料培养盘置于 37 cm×25 cm×9 cm 的塑料周转箱中,周转箱内盛水,底部放有蛭石,种子距水面 5 cm。测量第 7 天的芽鞘长,即芽鞘着生部位到芽鞘顶端的距离(mm),精确到 1 mm。计算 10 株幼苗芽鞘长的平均值,2 次重复。试验在智能光照培养箱中进行, 培养箱设置为 20 ℃、黑暗、16 h,30 ℃、光照、8 h。

缺氧条件下芽鞘长除以正常条件下芽鞘长记为缺氧反应指数,以缺氧反应指数作为耐缺氧能力的衡量指标。

2.2.4　直播成苗能力的测定

(1)直播成苗试验:在 297 个品种中随机选取 56 个(表 2-1 中标有下划线的品种)作为直播成苗试验的材料。把通过直径 2 mm 筛孔的江沙放置在发芽盒中,深度 2 cm,然后将每种材料的 20 粒吸足水分的种子均匀播在上面,覆盖 1 cm 厚的江沙,加水至水深 5 cm。室内培养 14 d,每天加水保持水深。14 d 时,测量幼苗的高度,记载单株幼苗的叶片数。每次重复考察 10 株,2 次重复。

(2)直播成苗能力:以 10 株平均幼苗苗高和成苗指数为衡量指标。幼苗苗高是指幼苗基部到幼苗顶点的距离,精确到 1 mm。成苗指数是指 10 株幼苗的平均叶片数(含芽鞘)。单株幼苗叶片数记载标准为:0 = 没有出苗,1 = 只有芽鞘,2 = 第一片叶出现,3 = 第二片叶出现,4 = 第三片叶出现,5 = 第四片叶出现,以此类推。

2.2.5　水稻 DNA 的提取

取水稻孕穗期的叶片 2～3 片放于研钵中,倒入液氮后迅速研磨并转入 1.5 mL 离心管中,加入 600 mL SDS 提取缓冲液(100 mmol · L^{-1} Tris – HCl,pH = 8.0;50 mmol · L^{-1} EDTA,pH = 8.0;0.5 mol · L^{-1} HCl;1.5% SDS),摇匀;65 ℃水浴 30 min,加入 100 μL KAC,冰浴 30 min;加入 400 μL 氯仿 – 异戊醇混合液(氯仿: 异戊醇 = 24:1),摇床上充分摇匀;8 000 r · min^{-1} 离心 15 min,取上清液至另一离心管中,向上清液中加入 400 μL 氯仿 – 异戊醇混合液(氯仿: 异戊醇 = 24:1),摇床上充分摇匀;8 000 r · min^{-1} 离心 15 min,取上清液至另一离心管中;加入 – 20 ℃无水乙醇,摇匀, – 20 ℃冰箱中自然沉降 20 min,2 000 r · min^{-1} 离心 6 min,弃上清液,用 400 μL 70%乙醇洗涤沉淀,弃 70%乙醇,将 DNA 沉淀风干,加入 200 μL TE, – 20 ℃贮存备用。

2.2.6　粳粳交秀水 79 × C 堡 RIL 群体标记筛选

依据 Temnykh、McCouch 等人发表的水稻分子图谱和微卫星数据库,选择均匀覆盖水稻整个基因组的 818 对 SSR 引物检测秀水 79 与 C 堡之间的多态性,再用显示多态性的引物分析 RIL 群体 247 个株系的 SSR 标记基因型。

2.2.7　太湖流域水稻关联群体 SSR 标记的选取和全基因组扫描

依据 Temnykh、McCouch 等人发表的水稻分子图谱和微卫星数据库,选择均匀覆盖水稻整个基因组的 91 对 SSR 引物,对基因组进行扫描。试验检测的 SSR 位点见表 2 – 3。

表 2 - 3　试验检测的 SSR 位点

染色体	图位/cM	位点	染色体	图位/cM	位点	染色体	图位/cM	位点
1	26.2	RM84	2	195.7	RM535	6	32.7	RM50
1	38.8	RM259	3	25.9	RM5480	6	53.0	RM136
1	43.5	RM579	3	39.8	RM5639	6	114.9	RM162
1	49.7	RM542	3	67.8	RM218	7	14.4	RM82
1	51.0	RM490	3	78.9	RM7	7	24.8	RM125
1	60.6	RM8095	3	82.3	RM7403	7	30.1	RM180
1	78.4	RM562	3	94.9	RM6266	7	35.7	RM8263
1	132.0	RM297	3	122.8	RM168	7	42.1	RM418
1	153.5	RM486	3	140.1	RM293	7	47.0	RM346
1	155.9	RM265	4	10.0	RM307	7	61.0	RM336
1	194.0	RM14	4	41.5	RM6314	7	93.9	RM234
2	42.9	RM7288	4	60.2	RM142	8	9.4	RM1235
2	43.3	RM5356	4	96.0	RM317	8	12.8	RM152
2	51.1	RM1313	4	146.8	RM349	8	35.7	RM331
2	70.2	RM262	5	5.4	RM159	8	59.0	RM4085
2	98.2	RM5804	5	25.0	RM267	8	60.9	RM72
2	102.9	RM6361	5	28.6	RM405	8	92.2	RM6976
2	118.1	RM573	5	41.0	RM574	8	103.7	RM80
2	122.0	RM106	5	53.5	RM6082	8	114.4	RM6948
2	122.8	RM450	5	96.9	RM305	8	128.1	RM281
2	137.5	RM112	5	130.6	RM480	8	138.2	RM264
2	143.7	RM525	6	2.3	RM508	9	3.2	RM8206
2	156.3	RM498	6	11.5	RM510	9	46.3	RM3912
2	190.2	RM48	6	26.2	RM225	9	50.7	RM566

续表

染色体	图位/cM	位点	染色体	图位/cM	位点	染色体	图位/cM	位点
9	68.2	RM6570	11	19.8	RM6544	12	3.2	RM20
9	79.7	RM257	11	32.7	RM3133	12	48.2	RM277
9	81.2	RM201	11	47.5	RM7120	12	71.8	RM7102
10	15.7	RM5348	11	68.6	RM287	12	75.5	RM463
10	25.2	RM311	11	78.8	RM457	12	95.4	RM5479
10	41.6	RM184	11	85.7	RM21			
10	53.6	RM5629	11	102.9	RM206			

2.2.8　PCR 扩增及电泳产物的检测

PCR 反应体系为 10 μL,含 1 μL 模板 DNA、1 μL 引物对、0.25 μL dNTP、0.65 μL MgCl$_2$、7 μL ddH$_2$O 及 0.1 μL TaqDNA 酶。使用 PTC – 100^{TM} Peltier Thermal Cycler 扩增仪进行扩增。PCR 反应程序为:94 ℃预变性 5 min,94 ℃变性 0.5 min,55 ~ 61 ℃退火 1 min,72 ℃延伸 1 min,进行 34 个循环;再经 72 ℃延伸 10 min 后于 4 ℃保存。PCR 扩增产物进行 8% 聚丙烯酰胺凝胶电泳(PAGE),150 V 稳压电源,1 h 左右;银染显色。凝胶在 Bio – RAD visad 3.0 成像系统中扫描。

2.3　数据分析

2.3.1　遗传变异研究分析

次数分布统计、方差分析及相关分析在 Excel 程序上进行。

2.3.2　家系群体数据分析

(1)籼粳交组合 Nipponbare/Kasalath//Nipponbare BIL 群体分子数据由日本农业生物资源研究所 Yano 博士提供,245 个 RFLP 标记均匀分布于水稻 12 条染色体上,覆盖水稻基因组 1 179.9 cM,标记间平均图距为 4.8 cM。

(2)粳稻品种秀水 79(P_1)、C 堡(P_2)及其杂交后代通过单粒传法衍生的 RIL 群体 SSR 分子图谱构建,根据最优法,将所得到的 SSR 标记的分子数据通过 Mapmaker/Exp 3.0 软件进行连锁分析。该连锁图共 17 个连锁群,全长 744.6 cM,包含了 74 个标记信息位点,平均图距为 10.1 cM。

群体表型值取两次重复的平均值作为分析单位。采用 WinQTLCartographer 2.5(http://statgen. ncsu. edu/qtlcart/WQTLCart. htm)的复合区间作图法,在水稻 12 条染色体上每隔 2 cM 计算 LOD 值,将 LOD 值=2.5 定为阈值。QTL 的命名遵循 McCouch 等人的规则。鉴于本书利用两个不同遗传背景的群体,将在 BIL 群体中检测到的 QTL 名字后面加"B",将在 RIL 群体中检测到的 QTL 名字后面加"R",予以区别。

2.3.3　关联群体数据分析

2.3.3.1　遗传多样性分析

扫描后的 PAGE 凝胶,使用 Quantity One 软件以 Marker One 条带大小为标准计算出每条带的分子质量大小,确定等位变异数目及大小,利用 PowerMarker 软件分别对地方品种群体和育成品种群体进行遗传多样性分析。

(1)丰富度(A)

群体内遗传类型的多少,用群体内等位变异的总数表示:

$$A = \sum A_i$$

其中,A_i 是群体(或亚群体)中第 i 位点拥有的等位变异数目。

(2)等位变异频率

等位变异频率(P_i),为某个 SSR 位点的第 i 个等位变异出现的次数占该位点全部等位变异出现次数的百分数。其中 n 为该位点等位变异的总数。

$$P_i = A_i/n$$

(3)基因多样性指数(H)

$$H = \frac{1 - \sum\limits_{i}^{n} P_i^2}{k}$$

其中,P_i 为等位变异频率,k 是检测到的总 SSR 位点数。

2.3.3.2 连锁不平衡程度的衡量

使用 D' 值衡量位点间连锁不平衡程度:

$$D' = \sum\limits_{i=1}^{u} \sum\limits_{j=1}^{v} P_i P_j |D'_{ij}|$$

其中,u 和 v 分别代表两个位点等位变异数目,P_i 和 P_j 分别代表 A 位点的第 i 个等位的等位变异频率和 B 位点的第 j 个等位的等位变异频率。

$$D'_{ij} = \frac{D_{ij}}{D_{\max}}, \ D_{ij} = x_{ij} - P_i P_j$$

其中,x_{ij} 表示配子 $A_i B_j$ 出现频率,P_i 和 P_j 分别代表 A 位点的第 i 个等位的等位变异频率和 B 位点的第 j 个等位的等位变异频率。

$$D_{\max} = \begin{bmatrix} \min[\,P_i P_j, (1 - P_i)(1 - P_i)\,]; D_{ij} < 0 \\ \min[\,P_i(1 - P_j), (1 - P_i)P_j\,]; D_{ij} > 0 \end{bmatrix}$$

D' 值的理论变化范围为 0 ~ 1。一般将小于 0.5 作为连锁不平衡衰减的标志。使用 Edward Buckler Lab 开发的 Tassel 软件,计算连锁不平衡配对检测的矩阵图,用于观测相同和不同染色体 SSR 位点间连锁不平衡的排列。应用上式可以计算出所有可能位点组合的 D' 值大小,并在配对的矩阵图上以颜色的不同反映出来。筛选出相同染色体上 SSR 位点对相应的 D' 值及位点间的遗传距离,绘制连锁不平衡衰减散点图,建立回归方程,用于观测连锁不平衡随遗传距离(cM)的增加而下降的速率。

2.3.3.3　群体结构分析

应用 Structure 软件估测自然群体的结构,对太湖流域粳稻群体进行基于数学模型的类群划分,并计算材料相应的 Q 值。Q 值表示第 i 个材料的基因组变异源于第 K 个群体的概率。分析的大致理念是:首先假定样本存在 K 个等位变异频率特征类型数(即服从 Hardy - Weinberg 平衡的亚群数目,这里的 K 可以是未知的),每一类群 SSR 位点由一套等位变异频率表征,将样本中各个材料归到第 K 个亚群,使得该亚群群体内位点频率都遵循同一个 Hardy - Weinberg 平衡。

分析过程如下:采用混合模型,先设定亚群数目(K)为 2 ~ 9,假定 SSR 位点(本试验从 91 个位点中删去距离较近的 21 个)是独立的,将 MCMC(Markov chain Monte Carlo)开始时的不作数迭代设为 10 000 次,再将不作数迭代后的 MCMC 设为 100 000 次,依据似然值最大的原则选取一个合适的 K 值。Structure 软件生成一个 Q 矩阵,用于后续的关联分析。

2.3.3.4　关联分析确定与种子表型性状相关的 SSR 位点

使用 Tassel 软件中的 GLM 程序,将个体 Q 值作为协变量,将群体表型值取两次重复的平均值作为分析单位,分别对标记变异进行回归分析。GLM 回归方程式:

$$Y_j = \alpha + \beta I_{pj} + \beta_1 X_{1j} + \beta_2 X_{2j} + \cdots + \beta_k X_{kj} + \varepsilon_j$$

其中,Y_j 是第 j 个材料数量性状的表型值,I_{pj} 是第 j 个材料第 p 个等位变异的指示变量,β 是群体各位点等位变异的平均效应值,$X_{1j} \sim X_{kj}$ 是第 j 个材料基因组变异源于第 $1 \sim k$ 个亚群的概率 Q 值,$\beta_1 \sim \beta_k$ 是亚群各位点各等位基因的平均效应值,ε_j 是残差。为了得到准确的关联结果,在运行时,Permutations 的数目设定为 1 000。当多态性的 P 值小于 5% 时,就认为多态性与相应的性状之间存在显著关联。

2.3.3.5 优异等位变异的确认

在已获得关联位点的基础上,参考 Breseghello 等人提出的"无效等位变异"方法,用以判断其他等位变异的表型效应。SSR 位点等位变异表型效应计算方法为:

$$\alpha_i = \sum x_{ij}/n_i - \sum N_k/n_k$$

其中 α_i 代表第 i 个等位变异的表型效应值,x_{ij} 为携带第 i 个等位变异的第 j 个材料性状表型测定值,n_i 为具有第 i 个等位变异的材料数。N_k 为携带无效等位变异的第 k 个材料的表型测定值,n_k 为具有无效等位变异的材料数目。

若 α_i 值为正,则认为该等位变异为增效等位变异,反之为减效等位变异。

3　太湖流域水稻种子活力和幼苗耐缺氧能力遗传变异研究

　　太湖流域是我国水稻的高产区域,也是有据可考的稻作历史最为悠久的地区之一。在长期的自然演变和人工选择过程中,形成了丰富的地方稻种资源类型。本章为对太湖流域 297 个水稻品种种子活力和耐缺氧能力的遗传变异及这两个性状与幼苗苗高、成苗指数相关性研究的结果。

3.1　297 个太湖流域水稻品种种子活力和幼苗耐缺氧能力遗传变异分析

3.1.1　297 个太湖流域水稻品种种子活力的遗传变异分析

　　297 个水稻品种种子活力指数平均值为 0.382 ± 0.08。活力指数最低的是三吓稻,值为 0.154,最高的是薄稻 3,值为 0.687,表明太湖流域水稻品种群体中种子活力存在较大的变异范围。

　　方差分析结果显示品种间种子活力指数差异极显著,说明基因型间存在着真实的遗传差异。求得的总群体的遗传变异系数为 19.5%。生态型 Ⅰ ~ Ⅴ 的遗传变异系数分别为 7.9%、18.7%、6.9%、22.7%、25.4%。生态型 Ⅳ 和生态型 Ⅴ 群体中种子活力遗传变异度高于其他生态型群体。

　　在 5 个生态型中,生态型 Ⅳ 品种的活力指数变化范围最大,分布在 10 个组内,与总群体(297 个)一致(表 3 − 1)。活力最高和活力最低的品种均为生态型 Ⅳ。生态型 Ⅰ、Ⅱ、Ⅲ 和 Ⅴ 品种的活力指数变化范围小于生态型 Ⅳ 品种。太湖流域主栽生态型 Ⅳ 品种间种子活力变异最大。

表 3 – 1　5 个生态型品种种子活力指数的次数分布与遗传变异

生态型	活力指数组限及其代号										品种总数	平均数±标准差/%	遗传变异系数/%
	0.154~0.207	0.207~0.260	0.260~0.313	0.313~0.368	0.368~0.421	0.421~0.474	0.474~0.527	0.527~0.580	0.580~0.633	0.633~0.687			
	1	2	3	4	5	6	7	8	9	10			
I	—	2	3	9	2	1	4	—	—	—	21	0.36±0.08	7.9
II	1	3	3	11	2	4	1	—	—	—	25	0.34±0.08	18.7
III	—	10	16	27	15	7	4	—	—	—	79	0.34±0.07	6.9
IV	4	18	22	41	33	23	9	7	2	3	162	0.37±0.10	22.7
V	—	1	1	—	4	—	2	1	1	—	10	0.42±0.11	25.4

3.1.2　297 个太湖流域水稻品种耐缺氧能力的变异分析

297 个水稻品种在缺氧条件下都可以萌发,平均芽鞘长是 (37 ± 5.3) mm。缺氧条件下芽鞘最短的是荒三担糯稻,值为 22 mm,最长的是薄稻 3,值为 52 mm,表明太湖流域水稻品种群体中耐缺氧能力存在较大的变异范围。

方差分析结果显示品种间缺氧条件下芽鞘长差异极显著,说明基因型间存在着真实的遗传差异。求得的总群体该性状的遗传变异系数为 15.2%。生态型 I ~ V 该性状的遗传变异系数分别为 12.6%、6.6%、12.5%、15.0%、18.7%(表 3 -2)。说明生态型 IV 和生态型 V 群体中幼苗耐缺氧能力遗传变异度高于其他生态型群体。

不同生态型中缺氧条件下芽鞘长的变化范围以生态型 IV 群体最大,分布在 10 个组内,与总群体一致,且最耐缺氧和最不耐缺氧的品种均在其中。生态型 I 、II 、III 和 V 品种的芽鞘长变化范围小于生态型 IV 品种(表 3 -2),表明太湖流域主栽生态型 IV 品种间耐缺氧能力变异最大。

表 3-2 5个生态型品种缺氧条件下芽鞘长的次数分布与遗传变异

生态型	芽鞘长组限及其代号										品种总数	平均数±标准差/%	遗传变异系数/%
	22~25	25~28	28~31	31~34	34~37	37~40	40~43	43~46	46~49	49~52			
	1	2	3	4	5	6	7	8	9	10			
I	—	—	4	4	7	2	3	—	1	—	21	36±4.6	12.6
II	—	1	—	5	9	9	—	—	1	—	25	37±3.5	6.6
III	—	—	3	9	16	30	15	5	1	—	79	39±3.5	12.5
IV	2	3	7	22	39	39	31	5	11	3	162	38±5.3	15.0
V	1	—	—	2	—	4	2	—	1	—	10	38±6.5	18.7

3.2 297 个太湖流域水稻品种种子活力和幼苗耐缺氧能力与成苗能力相关性

3.2.1 种子活力指数与直播 14 d 的苗高、成苗指数的相关分析

56 个品种的种子活力指数与直播 14 d 的苗高、成苗指数的相关性散点图和趋势线见图 3 - 1。分析结果显示,种子活力指数与直播 14 d 时幼苗苗高和成苗指数的相关系数分别为 0.42 和 0.33,呈极显著相关。

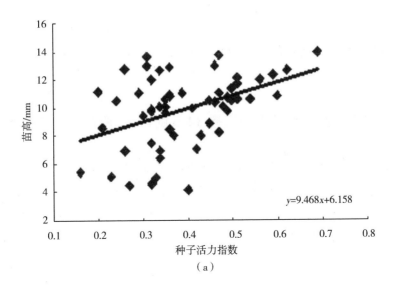

$y=9.468x+6.158$

（a）

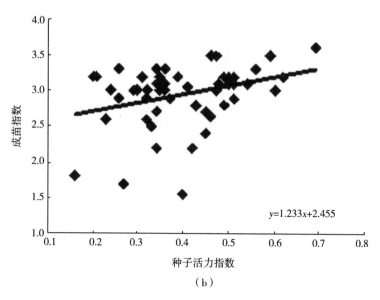

图 3 - 1　种子活力指数与直播 14 d 的苗高(a)和成苗指数(b)的相关性

3.2.2　缺氧条件下芽鞘长与直播 **14 d** 的苗高、成苗指数的相关分析

　　缺氧条件下芽鞘长与直播 14 d 的幼苗苗高、成苗指数的相关系数均为 0.7,呈极显著相关,说明直播成苗好坏的变异有近 50% 是由耐缺氧能力所决定的。从图 3 - 2 中可以看出,只有极少数品种偏离趋势线,根据缺氧条件下芽鞘长是能够预测直播成苗优劣的。

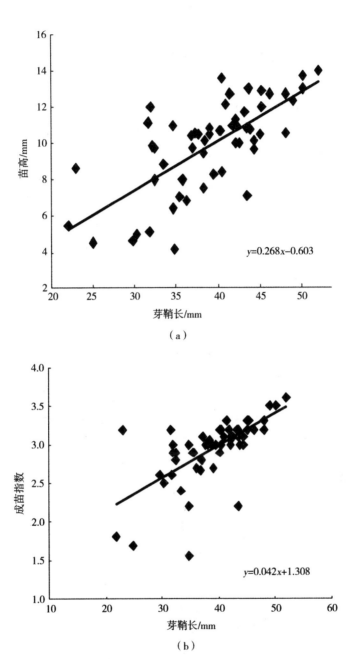

图3-2 缺氧条件下芽鞘长与直播14 d的苗高(a)、成苗指数(b)的相关性

3.3　高种子活力和高耐缺氧能力品种的筛选

　　2 个对照品种武育粳 3 号和武运粳 7 号缺氧条件下芽鞘长分别为 38 mm 和 37 mm。以 38 mm 作为耐缺氧能力的选择标准,太湖流域 5 个生态型中有 132 个品种的芽鞘长大于 38 mm。方差分析多重比较结果表明有 15 个地方品种的芽鞘长显著大于 38 mm,其中 1 个为晚熟中粳,14 个为早熟晚粳。武育粳 3 号和武运粳 7 号的种子活力指数分别为 0.473 和 0.468。以 0.473 作为高活力品种的标准,在 5 个生态型中有 34 个品种的活力指数大于 0.473。显著大于 0.473的 9 个品种中有 8 个早熟晚粳、1 个中熟晚粳。

　　种子活力和耐缺氧能力均显著高于对照武育粳 3 号的有 7 个品种,分别是薄稻 3、硬头茎、三百粒头、大稻头、乌金香糯、荒三石 4、晚八哥头,均为早熟晚粳类型。从表 3-3 中可以看出,这 7 个品种的千粒重均在 27 g 以上,株高均在 136 cm以上,表现为高秆大粒,不能直接应用于生产,可以用于选育适宜水稻直播的资源品种,加以改良和利用。

表 3-3　7 个高种子活力和高耐缺氧能力品种的农艺性状

品种名称	农艺性状								
	株高/cm	播始历期/d	单株有效穗	穗长/cm	总粒数	结实率/%	粒长/cm	粒宽/cm	千粒重/g
薄稻 3	136	118	8.3	20.8	117.3	87.3	7.5	3.6	33.9
三百粒头	136	120	5.3	21.3	221.3	88.4	7.0	3.5	27.0
晚八哥头	137	118	10.3	19.7	101.3	96.5	6.3	3.4	28.0
硬头茎	136	118	6.3	20.8	126.0	93.9	6.7	3.3	27.9
大稻头	136	121	6.7	20.7	137.3	86.2	6.5	3.3	27.0
荒三石 4	136	120	4.0	21.0	156.0	91.8	7.2	3.7	30.2
乌金香糯	136	118	10.0	20.3	88.3	92.2	7.4	3.4	29.1

3.4　讨论

水稻直播生产中存在的三个问题是群体结构不易均匀、除草困难和植株容易倒伏,通过栽培技术改进可在一定程度上加以克服,但选育适合直播的品种将在生产中起到重要作用。直播水稻与移栽水稻相比,除了要有高产、优质和抗病等优良性状外,还要有以下特点能在短期水淹条件下保持良好的发芽能力(耐低温低氧的发芽能力);根系分布深,活力较强,抗根倒;苗期生长快,对杂草的生长具有抑制作用。因此,种子活力和耐缺氧能力是直播水稻品种选育的重要指标。

本书以种子活力指数(衡量种子活力)和缺氧条件下芽鞘长(衡量耐缺氧能力)为指标,研究结果表明,太湖流域水稻地方品种群体中种子活力指数有19.5%的遗传变异,缺氧条件下芽鞘长有15.2%的遗传变异,且遗传变异主要存在于早熟晚粳生态型中。这可能是因为该地区长期以来主要栽培早熟晚粳类型,从而保留了这两个性状丰富的遗传变异。其他生态型粳稻品种高种子活力和高耐缺氧能力优异资源有待进一步发掘。

与对照武育粳3号相比,筛选出的7个同时具有高种子活力和高耐缺氧能力的早熟晚粳品种均表现为高秆大粒,不能直接在生产上应用,可以通过有性杂交或回交等方法将其有利等位基因转移到推广品种中,培育出适宜直播的水稻新品种,也可以通过诱变方法将其植株高度降低,再用作杂交亲本选育适合直播的新品种。

4 籼粳交组合 Nipponbare/Kasalath//Nipponbare BIL 群体种子活力和幼苗耐缺氧能力的 QTL 分析

直播种子的田间成苗受到萌发环境的影响,适宜的品种既要有抗缺氧胁迫的能力,又要有抗田间其他不良生态环境的萌发潜力。培育高活力和耐缺氧的水稻品种将极大程度地提高直播水稻的田间成苗率。上一章研究结果表明种子活力和幼苗的耐缺氧能力具有广泛的遗传变异,本章利用籼粳交组合 Nipponbare/Kasalath//Nipponbare BIL 群体对种子活力和幼苗耐缺氧能力进行 QTL 分析。

4.1　BIL 群体种子活力相关性状的 QTL 分析

4.1.1　BIL 群体及其亲本 3 个种子活力性状的表现

表 4 - 1 显示,幼苗根长、苗高和干重 3 个种子活力性状,均是 Kasalath 的值极显著大于 Nipponbare 的。家系群体平均数均介于双亲之间;家系群体均表现为连续变异,呈正态分布。见表 4 - 1、图 4 - 1。

表 4 - 1　3 个种子活力性状在双亲间的差异和 BIL 群体中的变异

性状	亲本			BIL 群体		
	Nipponbare	Kasalath	t 值	平均数 ± 标准差/%	变异范围	变异系数/%
根长/mm	21.6 ± 3.74	36.3 ± 3.82	5.48 **	39.7 ± 10.9	20.4 ~ 68.6	32.3
苗高/mm	6.32 ± 0.07	17.8 ± 3.20	7.26 **	14.51 ± 3.46	4.6 ~ 28.0	27.0
干重/mg	17.2 ± 0.28	24.8 ± 3.04	5.01 **	26.35 ± 5.05	9.3 ~ 35.3	22.7

注:** 表示 1% 水平显著。

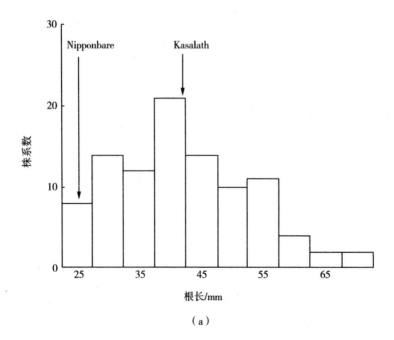

（a）

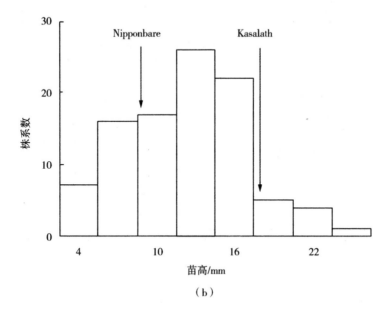

（b）

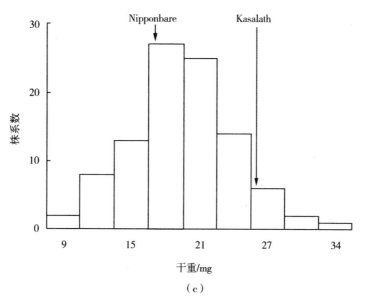

图 4 - 1 BIL 群体中根长、苗高和干重的次数分布

4.1.2 BIL 群体种子活力相关性状的 QTL 检测

在 Nipponbare 和 Kasalath 衍生的 BIL 群体中共检测到 7 个 QTL 与种子活力性状相关,其中有 2 个 QTL 分别同时控制苗高和干重两个性状。

2 个控制根长的位点,分别位于第 1 染色体 C86 ～ C813 区间和第 7 染色体 R1440 ～ R3089 区间。$qRL - 1 - B$ 可解释表型变异的 18.9%,增效等位基因来自 Kasalath(表 4 - 2),与 $qRL - 1 - B$ 紧密连锁的 RFLP 标记为 C813;C813 位于第 1 染色体大约 136.9 cM 的位置上,对应的 SSR 标记为 RM226。$qRL - 7 - B$ 可解释表型变异的 13.4%,增效等位基因来自 Kasalath(表 4 - 2),与 $qRL - 7 - B$ 紧密连锁的 RFLP 标记为 R3089;R3089 位于第 7 染色体大约 61.9 cM 的位置上,对应的 SSR 标记为 RM6394。

2 个控制苗高的位点,分别位于第 7 染色体 R1245 ～ C847 区间和第 8 染色体 C166 ～ C905 区间。$qSH - 7 - B$ 可解释表型变异的 18.8%,增效等位基因来自 Kasalath(表 4 - 2),与 $qSH - 7 - B$ 紧密连锁的 RFLP 标记为 C847,C847 在第

7 染色体大约 91.7 cM 的位置上,没有找到对应的 SSR 标记。$qSH-8-B$ 可解释表型变异的 15.3%,增效等位基因来自 Kasalath(表 4-2),与 $qSH-8-B$ 紧密连锁的 RFLP 标记为 C166;C166 在第 8 染色体大约 26.3 cM 的位置上,对应的 SSR 标记为 RM1376、RM2819 和 RM5068。

3 个控制幼苗干重的位点,分别位于第 1 染色体 C1370 ~ C122 区间、第 7 染色体 R1440 ~ R3089 区间和第 8 染色体 C166 ~ C905 区间。$qDW-1-B$ 可解释表型变异的 13.3%,增效等位基因来自 Nipponbare(表 4-2),与 $qDW-1-B$ 紧密连锁的 RFLP 标记为 C122;C122 在第 1 染色体大约 113.0 cM 的位置上,对应的 SSR 标记为 RM3143。$qDW-7-B$ 可解释表型变异的 13.3%,增效等位基因来自 Kasalath(表 4-2),与 $qDW-7-B$ 紧密连锁的 RFLP 标记为 R3089,R3089 在第 7 染色体大约 61.9 cM 的位置上,没有找到对应的 SSR 标记。$qDW-8-B$ 可解释表型变异的 11.9%,增效等位基因来自 Kasalath(表 4-2),与 $qDW-8-B$ 紧密连锁的 RFLP 标记为 C166;C166 在第 8 染色体大约 26.3 cM 的位置上,对应的 SSR 标记为 RM1376、RM2819 和 RM5068。

表 4-2　BIL 群体中检测到的种子活力相关性状 QTL

性状	QTL	标记区间[1]	距离[2]/cM	LOD 值	加性效应[3]	解释率/%
根长/mm	$qRL-1-B$	C86 ~ **C813**	3.2	3.79	−3.62	18.9
	$qRL-7-B$	R1440 ~ **R3089**	0.9	3.90	−2.40	13.4
苗高/mm	$qSH-7-B$	R1245 ~ **C847**	1.0	4.75	−1.33	18.8
	$qSH-8-B$	**C166** ~ C905	2.0	3.64	−2.71	15.3
干重/mg	$qDW-1-B$	C1370 ~ **C122**	2.0	2.84	+2.10	13.3
	$qDW-7-B$	R1440 ~ **R3089**	0.9	3.53	−3.42	13.3
	$qDW-8-B$	**C166** ~ C905	2.0	2.91	−1.64	11.9

注:[1] 粗体字表示距离 QTL 最近的标记;[2] 与最近标记的距离;[3] + 和 − 分别表示增效等位基因来自 Nipponbare 和 Kasalath。

4.2 BIL 群体幼苗耐缺氧能力的 QTL 分析

4.2.1 BIL 群体及其亲本的幼苗缺氧反应指数的表现

在籼粳交组合 Nipponbare/Kasalath//Nipponbare BIL 群体中,亲本 Nipponbare 幼苗缺氧反应指数平均值为 4.58 ± 0.45,Kasalath 为 2.33 ± 0.07,两者差异极显著($t = 7.00$)。BIL 群体幼苗缺氧反应指数平均值为 3.89 ± 0.74,变异范围为 2.36 ~ 5.56,变异系数为 19.1%,表现为接近正态的连续分布(图 4 - 2)。

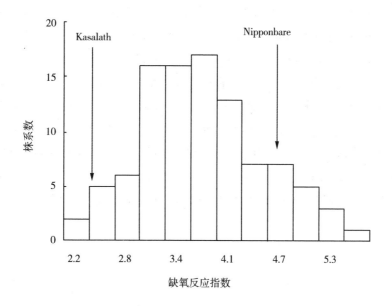

图 4 - 2 BIL 群体幼苗缺氧反应指数的次数分布

4.2.2 BIL 群体幼苗耐缺氧能力的 QTL 检测

在籼粳交 BIL 群体中检测到 6 个控制幼苗耐缺氧能力的 QTL(表 4 - 3),分布在第 2 染色体 R3393 ~ C747 区间、第 3 染色体 C1488 ~ C63 区间、第 5 染色体 R830 ~ R3166 区间、第 8 染色体 R1813 ~ C1121 区间、第 9 染色体 R2272 ~ R2638 区间和第 12 染色体 C1336 ~ R642 区间。$qSAT - 2 - B$ 解释表型变异的 16.2%,增效等位基因来自 Nipponbare,与 $qSAT - 2 - B$ 紧密连锁的 RFLP 标记为 C747;C747 在第 2 染色体大约 110.9 cM 的位置上,对应的 SSR 标记为 RM1367 和 RM3508。$qSAT - 3 - B$ 解释表型变异的 11.4%,增效等位基因来自 Nipponbare;与 $qSAT - 3 - B$ 紧密连锁的 RFLP 标记为 C1488;C1488 在第 3 染色体大约 46.6 cM 的位置上,对应的 SSR 标记为 RM4321 和 RM6496。$qSAT - 5 - B$ 解释表型变异的 7.3%,增效等位基因来自 Kasalath;与 $qSAT - 5 - B$ 紧密连锁的 RFLP 标记为 R830;R830 在第 5 染色体大约 12.0 cM 的位置上,对应的 SSR 标记为 RM2010 和 RM5796。$qSAT - 8 - B$ 解释表型变异的 5.8%,增效等位基因来自 Kasalath;与 $qSAT - 8 - B$ 紧密连锁的 RFLP 标记为 C1121;C1121 在第 8 染色体大约 39.9 cM 的位置上,没有找到对应的 SSR 标记。$qSAT - 9 - B$ 解释表型变异的 9.5%,增效等位基因来自 Nipponbare;与 $qSAT - 9 - B$ 紧密连锁的 RFLP 标记为 R2272;R2272 在第 9 染色体大约 62.7 cM 的位置上,对应的 SSR 标记为 RM2214、RM7175 和 RM3600。$qSAT - 12 - B$ 解释表型变异的 14.0%,增效等位基因来自 Kasalath。与 $qSAT - 12 - B$ 紧密连锁的 RFLP 标记为 R642,R642 在第 12 染色体大约 12.2 cM 的位置上,无对应的 SSR 标记。

表 4 - 3　BIL 群体中检测到的幼苗耐缺氧能力的 QTL

QTL	标记区间[1]	距离[2]/cM	LOD 值	解释率/%	加性效应[3]
$qSAT-2-B$	R3393 ~ **C747**	1.0	5.34	16.2	+0.30
$qSAT-3-B$	**C1488** ~ C63	2.0	3.82	11.4	+0.30
$qSAT-5-B$	**R830** ~ R3166	0.0	2.60	7.3	-0.15
$qSAT-8-B$	R1813 ~ **C1121**	0.3	2.82	5.8	-0.20
$qSAT-9-B$	**R2272** ~ R2638	0.0	3.63	9.5	+0.30
$qSAT-12-B$	C1336 ~ **R642**	3.5	2.99	14.0	-0.30

注:[1]粗体字表示距离 QTL 最近的标记;[2]与最近标记的距离;[3] + 表示增效等位基因来自 Nipponbare, - 表示增效等位基因来自 Kasalath。

4.3　正常发芽条件下 BIL 群体芽鞘长的 QTL 分析

4.3.1　正常发芽条件下 BIL 群体及其亲本芽鞘长的表现

在正常发芽条件下,籼粳交组合 Nipponbare/Kasalath//Nipponbare BIL 群体中,亲本 Nipponbare 芽鞘长平均值为(5.5 ± 0.3) mm, Kasalath 为(11.0 ± 1.0) mm,两者差异极显著(t = 7.55)。BIL 群体平均芽鞘长为(6.4 ± 1.3) mm,变异范围为 3.0 ~ 10.1 mm,变异系数为 20.2%,表现为接近正态的连续分布(图 4 - 3)。

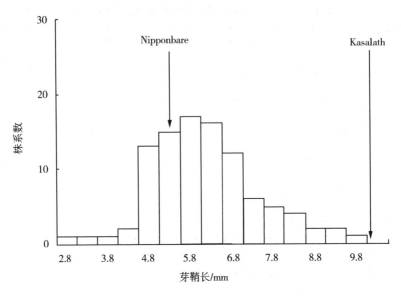

图 4 - 3　BIL 群体芽鞘长的次数分布

4.3.2　正常发芽条件下 BIL 群体芽鞘长的 QTL 检测

在正常发芽条件下,BIL 群体检测到 4 个控制芽鞘长的 QTL,分布于第 1、2、8、11 染色体上,分别解释表型变异的 10.3%、4.0%、8.1%、9.7%(图 4 - 4 和表 4 - 4)。$qCL - 1 - B$ 位点增效等位基因来自 Nipponbare;$qCL - 2 - B$、$qCL - 8 - B$ 和 $qCL - 11 - B$ 位点增效等位基因来自 Kasalath。

表 4-4 正常发芽条件下 BIL 群体芽鞘长的 QTL

QTL	标记区间[1]	距离[2]/cM	LOD 值	解释率/%	加性效应[3]
$qCL-1-B$	**C1370** ~ C122	2.0	4.12	10.3	+0.50
$qCL-2-B$	C1221 ~ **G275**	0.9	2.52	4.0	-0.30
$qCL-8-B$	C1121 ~ **R902**	0.0	3.18	8.1	-0.50
$qCL-11-B$	C1172 ~ **S2260**	1.2	6.39	9.7	-0.30

注:[1] 粗体字表示距离 QTL 最近的标记;[2] 与最近标记的距离;[3] + 和 - 分别表示增效等位基因来自 Nipponbare 和 Kasalath。

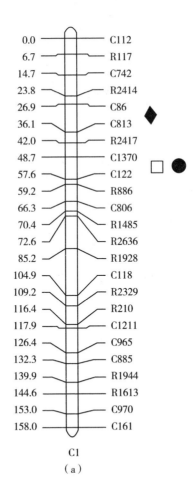

C1

(a)

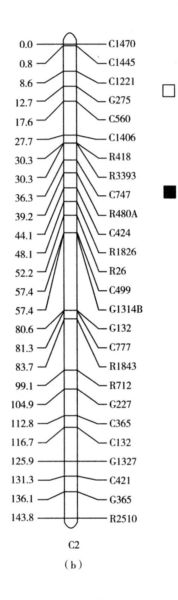

C2

（b）

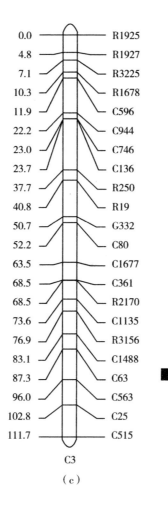

C3

（c）

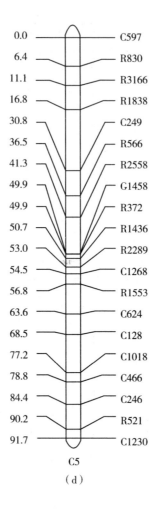

C5

（d）

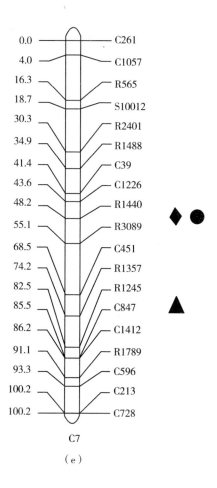

C7

（e）

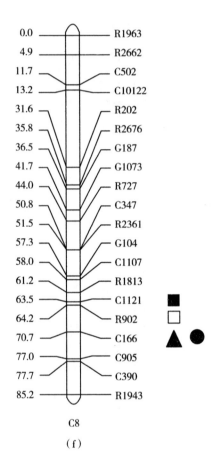

C8

(f)

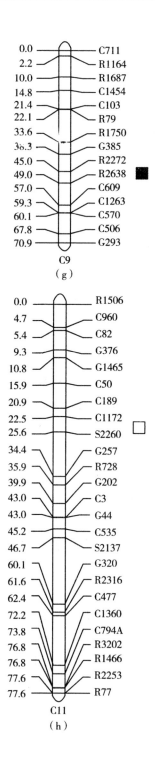

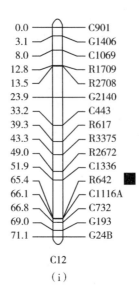

图 4-4　种子活力相关性状的 QTL、幼苗耐缺氧能力的 QTL
和正常发芽条件下芽鞘长的 QTL 在染色体上的位置

注:◆为幼苗根长的 QTL;▲为幼苗苗高的 QTL;●为幼苗干重的 QTL;
■为幼苗耐缺氧能力的 QTL;□为幼苗芽鞘长的 QTL。

4.4　讨论

4.4.1　与水稻耐缺氧能力的 QTL 紧密连锁标记的检测

本书以缺氧反应指数为水稻幼苗耐缺氧能力的衡量指标,进行耐缺氧能力的 QTL 分析,共检测到 6 个 QTL 及其紧密连锁的 RFLP 标记,查阅相关物理图谱,推测出 RFLP 标记的遗传距离,并将其中的 4 个 RFLP 标记转换为相应的 SSR 标记,分别为 RM1367(RM3508)、RM4321(RM6496)、RM2010(RM5796)和 RM2214(RM7175 和 RM3600)。以上的 SSR 标记可以直接应用于水稻耐缺氧品种的辅助选择。

4.4.2　缺氧条件下与正常条件下芽鞘伸长受到不同基因的调控

籼粳交 BIL 群体中,除了在第 8 染色体的 R1813 ~ C1121 区段内检测到 1 个耐缺氧能力的 QTL $qSAT-8-B$ 与正常条件下水稻幼苗芽鞘长的 QTL $qCL-8-B$ 位置相近(相距 1.0 cM)外,其余 5 个耐缺氧能力的 QTL 都未发现与正常条件下水稻幼苗芽鞘长的 QTL 相邻或重叠。虽然两者检测的性状均与幼苗芽鞘伸长能力有关,但缺氧条件下调控芽鞘伸长的基因却不同于正常条件下调控芽鞘伸长的基因。在缺氧条件下,主要进行无氧代谢途径,由于糖缺乏的诱导,与无氧呼吸作用密切相关的各种酶的基因得到表达,如 $RAMY3D$、PDC、$ADH1$ 和 $ADH2$ 等,而正常条件下进行的有氧呼吸代谢途径受到抑制。在控制细胞伸长的 34 个基因中,缺氧条件下有 6 个基因上调表达,其中 $EXPA7$ 和 $EXPB12$ 的表达要远远高于正常条件。另外,一些功能蛋白基因在缺氧环境中的表达也发生了改变,如热激蛋白 HSP20 编码基因在缺氧条件下上调表达,而一些脱氢酶的基因却下调表达。因此,正常条件下控制芽鞘伸长的基因与缺氧条件下控制芽鞘伸长的基因是不同的。

4.4.3　在 BIL 群体中检测出 2 个新的水稻幼苗活力相关性状的 QTL

本书在 BIL 群体中检测到的控制幼苗根长的 $qRL-7-B$ 和控制干重的 $qDW-8-B$ 是首次报道的。另外,本书检测到的控制干重的 $qDW-1-B$ 与其他研究人员检测到的控制干重的 QTL 相距约 70 cM,$qDW-7-B$ 与其他研究人员检测到的控制干重的 QTL 相距约 27 cM;检测到的控制苗高的 $qSH-7-B$ 与其他研究人员检测到的控制苗高的 QTL 相距约 30 cM;检测到的控制根长的 $qRL-1-B$ 与其他研究人员检测到的控制根长的 QTL 距离小于 5 cM。

5 秀水 79 和 C 堡及其衍生的 RIL 群体种子活力和幼苗 耐缺氧能力的 QTL 分析

　　本课题组前期构建了粳稻品种秀水 79 和粳稻恢复系 C 堡杂交衍生的 RIL 群体,本章利用此粳粳杂交衍生的 RIL 群体对种子活力和幼苗耐缺氧能力进行 QTL 分析。

5.1　RIL 群体种子活力相关性状的 QTL 分析

5.1.1　RIL 群体及其亲本 3 个种子活力性状的表现

　　表 5 - 1 显示,幼苗根长、幼苗苗高和幼苗干重 3 个种子活力性状,均是 C 堡的值极显著大于秀水 79。家系群体平均数均介于双亲之间;家系群体均表现为连续变异,呈正态分布。见表 5 - 1、图 5 - 1。

表 5 - 1　3 个种子活力性状在双亲间的差异和 RIL 群体中的变异

性状	亲本			RIL 群体		
	秀水 79	C 堡	t 值	平均数 ± 标准差/%	变异 范围	变异 系数 /%
根长/mm	42.58 ± 1.48	52.08 ± 1.53	6.64**	50.24 ± 7.46	31.78 ~ 68.16	14.9
苗高/mm	14.10 ± 1.27	21.30 ± 1.70	4.80**	14.51 ± 3.46	4.65 ~ 23.66	23.8
干重/mg	21.40 ± 2.36	30.80 ± 5.64	4.40**	26.35 ± 5.05	14.80 ~ 38.85	19.2

　　注:** 表示 1% 水平显著。

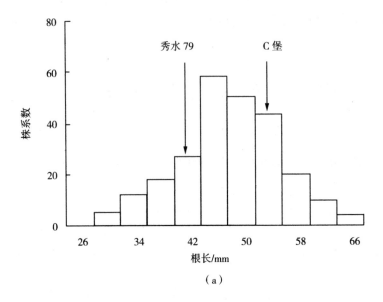

（a）

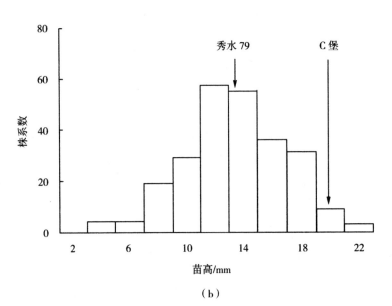

（b）

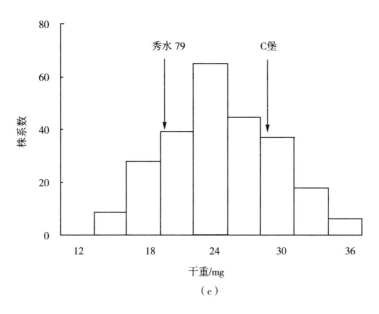

图 5 – 1　RIL 群体中根长、苗高和干重的次数分布

5.1.2　RIL 群体种子活力相关性状的 QTL 检测

在秀水 79 和 C 堡杂交衍生的 RIL 群体中共检测到 9 个 QTL 与种子活力性状相关。

2 个控制根长的位点,分别位于第 1 染色体 RM486 ~ RM265 区间和第 2 染色体 RM2127 ~ RM48 区间。$qRL-1-R$ 可解释表型变异的 7.3%,增效等位基因来自 C 堡(表 5 – 2),与 $qRL-1-R$ 紧密连锁的 SSR 标记为 RM486,RM486 扩增 C 堡总 DNA 得到的条带为 112 bp(112 bp 是参照梯度为 100 bp 的 DNA 分子质量大小的标记读出的,后同)。与 RM486 – 112 bp 条带紧密连锁的等位基因的加性效应(替代效应)为 2.43 mm。$qRL-2-R$ 可解释表型变异的 8.3%,增效等位基因来自 C 堡(表 5 – 2),与 $qRL-2-R$ 紧密连锁的 SSR 标记为 RM48,RM48 扩增 C 堡总 DNA 得到的条带为 240 bp。与 RM48 – 240 bp 条带紧密连锁的等位基因的加性效应为 2.43 mm。

4 个控制苗高的位点,分别位于第 2 染色体 RM2127 ~ RM48 区间、第 3 染色体 RM545 ~ RM3766 区间、第 8 染色体 RM264 ~ RM6948 区间和第 11 染色体 RM21 ~ RM206 区间。$qSH-2-R$ 可解释表型变异的 6.6%，增效等位基因来自 C 堡(表 5 - 2)。与 $qSH-2-R$ 紧密连锁的 SSR 标记为 RM48，RM48 扩增 C 堡总 DNA 得到的条带为 240 bp。与 RM48 - 240 bp 条带紧密连锁的等位基因的加性效应为 0.94 mm。$qSH-3-R$ 可解释表型变异的 14.0%，增效等位基因来自 C 堡。与 $qSH-3-R$ 紧密连锁的 SSR 标记为 RM545，RM545 扩增 C 堡总 DNA 得到的条带为 220 bp。与 RM545 - 220 bp 条带紧密连锁的等位基因的加性效应为 1.46 mm。$qSH-8-R$ 可解释表型变异的 4.9%，增效等位基因来自 C 堡。与 $qSH-8-R$ 紧密连锁的 SSR 标记为 RM6948，RM6948 扩增 C 堡总 DNA 得到的条带为 116 bp。与 RM6948 - 116 bp 条带紧密连锁的等位基因的加性效应为 0.86 mm。$qSH-11-R$ 可解释表型变异的 6.3%，增效等位基因来自 C 堡。与 $qSH-11-R$ 紧密连锁的 SSR 标记为 RM206，RM206 扩增 C 堡总 DNA 得到的条带为 165 bp。与 RM206 - 165 bp 条带紧密连锁的等位基因的加性效应为 0.93 mm。

3 个控制幼苗干重的位点，分别位于第 2 染色体 RM262 ~ RM525 区间、RM2127 ~ RM48 区间以及第 6 染色体 RM8239 ~ RM454 区间。$qDW-2a-R$ 可解释表型变异的 8.1%，增效等位基因来自秀水 79。与 $qDW-2a-R$ 紧密连锁的 SSR 标记为 RM525，RM525 扩增秀水 79 总 DNA 得到的条带为 143 bp。与 RM525 - 143 bp 条带紧密连锁的等位基因的加性效应为 1.50 mg。$qDW-2b-R$ 可解释表型变异的 6.9%，增效等位基因来自 C 堡。与 $qDW-2b-R$ 紧密连锁的 SSR 标记为 RM2127，RM2127 扩增 C 堡总 DNA 得到的条带为 175 bp。与 RM2127 - 175 bp 条带紧密连锁的等位基因的加性效应为 1.40 mg。$qDW-6-R$ 可解释表型变异的 9.9%，增效等位基因来自 C 堡。与 $qDW-6-R$ 紧密连锁的 SSR 标记为 RM454，RM454 扩增 C 堡总 DNA 得到的条带为 170 bp。与 RM454 - 170 bp 条带紧密连锁的等位基因的加性效应为 1.64 mg。

表 5 - 2 RIL 群体中检测到的种子活力相关性状的 QTL

性状	QTL	标记区间[1]	距离[2]/cM	LOD 值	加性效应[3]	解释率/%
根长/mm	$qRL - 1 - R$	**RM486** ~ RM265	2.0	5.00	− 2.43	7.3
	$qRL - 2 - R$	RM2127 ~ **RM48**	3.6	4.33	− 2.43	8.3
苗高/mm	$qSH - 2 - R$	RM2127 ~ **RM48**	5.6	3.70	− 0.94	6.6
	$qSH - 3 - R$	**RM545** ~ RM3766	8.1	6.13	− 1.46	14.0
	$qSH - 8 - R$	RM264 ~ **RM6948**	0.0	3.21	− 0.86	4.9
	$qSH - 11 - R$	RM21 ~ **RM206**	7.6	3.25	− 0.93	6.3
干重/mg	$qDW - 2a - R$	RM262 ~ **RM525**	12.0	3.06	+ 1.50	8.1
	$qDW - 2b - R$	**RM2127** ~ RM48	4.0	3.69	− 1.40	6.9
	$qDW - 6 - R$	RM8239 ~ **RM454**	1.4	4.24	− 1.64	9.9

注:[1] 粗体字表示距离 QTL 最近的标记;[2] 与最近标记的距离;[3] + 和 − 分别表示增效等位基因来自秀水 79 和 C 堡。

5.2 RIL 群体幼苗耐缺氧能力的 QTL 分析

5.2.1 RIL 群体及其亲本的幼苗缺氧反应指数的表现

在粳粳交组合秀水 79/C 堡的 RIL 群体中,亲本秀水 79 幼苗缺氧反应指数平均值为 7.93 ± 0.04,C 堡为 9.30 ± 0.20,两者差异极显著($t = 9.63$)。RIL 群体幼苗缺氧反应指数平均值为 9.13 ± 1.89,变异范围为 4.21 ~ 14.41,变异系数为 20.7%,表现为接近正态的连续分布(图 5 - 2)。

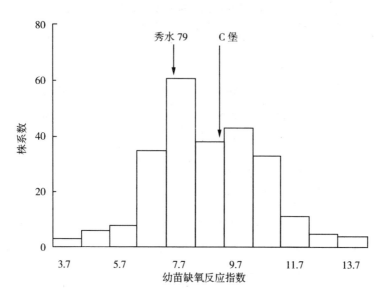

图 5-2　RIL 群体幼苗缺氧反应指数的次数分布

5.2.2　RIL 群体幼苗耐缺氧能力的 QTL 的检测

在粳粳交 RIL 群体中,分别在第 2 和第 7 染色体上检测到 1 个控制水稻幼苗耐缺氧能力的 QTL。$qSAT-2-R$ 可解释表型变异的 8.7%,增效等位基因来自 C 堡(表 5-3)。与 $qSAT-2-R$ 紧密连锁的 SSR 标记为 RM525,RM525 扩增 C 堡总 DNA 得到的条带为 140 bp(140 bp 是参照梯度为 100 bp DNA 分子质量大小的标记读出的,后同)。$qSAT-7-R$ 可解释表型变异的 9.8%,增效等位基因来自 C 堡。与 $qSAT-7-R$ 紧密连锁的 SSR 标记为 RM418,RM418 扩增 C 堡总 DNA 得到的条带为 250 bp。

表 5 – 3 幼苗耐缺氧能力的 QTL

QTL	标记区间[1]	距离[2]/cM	LOD 值	解释率/%	加性效应[3]
$qSAT-2-R$ **RM525** ~ RM2127		0.1	3.27	8.7	– 0.77
$qSAT-7-R$ **RM418** ~ RM11		2.0	3.36	9.8	– 0.87

注:[1] 粗体字表示距离 QTL 最近的标记;[2] 与最近标记的距离;[3] + 表示增效等位基因来自秀水 79,– 表示增效等位基因来自 C 堡。

5.3 正常发芽条件下 RIL 群体芽鞘长的 QTL 分析

5.3.1 正常发芽条件下 RIL 群体及其亲本的芽鞘长的表现

正常发芽条件下,粳粳交组合秀水 79/C 堡 RIL 群体中,亲本秀水 79 芽鞘长平均值为(4.9 ±0.1) mm,C 堡为(5.5 ±0.1) mm,差异极显著($t = 8.40$)。秀水 79/C 堡 RIL 群体芽鞘长平均值为(5.1 ±0.6) mm,变异范围为 3.9 ~ 7.1 mm,变异系数为 12.5%,表现为接近正态的连续分布(图 5 –3)。

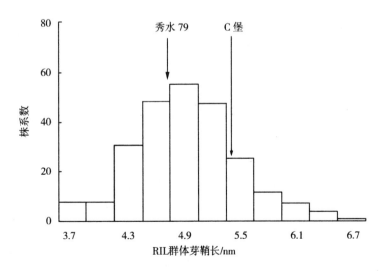

图 5 – 3 RIL 群体芽鞘长的次数分布

5.3.2　正常发芽条件下 RIL 群体芽鞘长的 QTL 检测

正常发芽条件下,RIL 群体检测到一个控制芽鞘长的 QTL,位于第 2 染色体 RM525 ~ RM2127 区间,解释表型变异的 5.2%,增效等位基因来自秀水 79(图 5 - 4 和表 5 - 4)。$qCL - 2 - R$ 与 $qSAT - 2 - R$ 在同一区间,遗传距离为 13 cM。

表 5 - 4　正常发芽条件下芽鞘长的 QTL

QTL	标记区间[1]	距离[2]/cM	LOD 值	解释率/%	加性效应[3]
$qCL - 2 - R$ **RM525** ~ RM2127		13	2.50	5.2	+0.14

注:[1]粗体字表示距离 QTL 最近的标记;[2] 与最近标记的距离;[3] + 表示增效等位基因来自秀水 79, - 表示增效等位基因来自 C 堡。

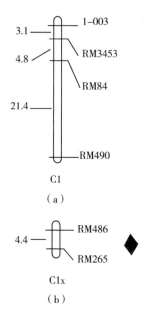

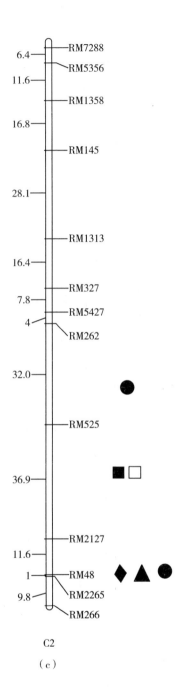

C2

（c）

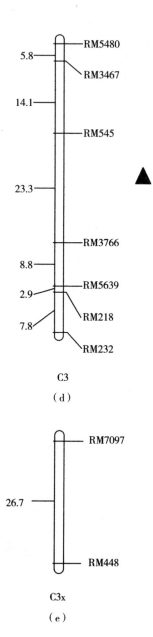

C3

（d）

C3x

（e）

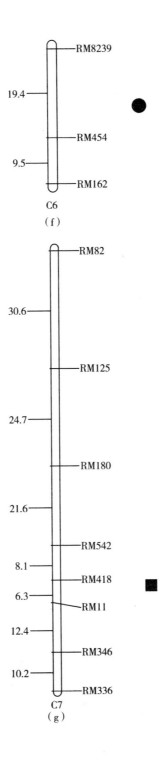

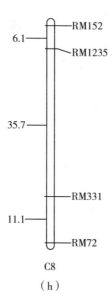

C8

（h）

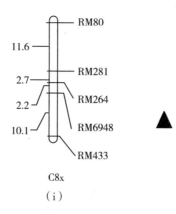

C8x

（i）

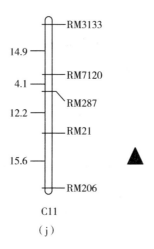

图 5-4　种子活力相关性状的 QTL、幼苗耐缺氧能力的
QTL 和正常发芽条件下芽鞘长的 QTL 在染色体上的位置
注：◆为幼苗根长的 QTL；▲为幼苗苗高的 QTL；●为幼苗干重的 QTL；
■为幼苗耐缺氧能力的 QTL；□为幼苗芽鞘长的 QTL。

5.4　讨论

5.4.1　两个不同遗传背景群体共同检测到了 1 个控制幼苗耐缺氧能力的 QTL

本书在粳粳交 RIL 群体中共检测到 2 个控制幼苗耐缺氧能力的 QTL。与 $qSAT-2-R$ 紧密连锁的 SSR 标记为 RM525，RM525 距离第 2 染色体短臂端点 118.1 cM。上一章在籼粳交 BIL 群体中检测到的 1 个控制幼苗耐缺氧能力的 QTL $qSAT-2-B$ 也位于第 2 染色体上，与 $qSAT-2-B$ 紧密连锁的 RFLP 标记为 C747，对应的 SSR 标记为 RM1367。RM1367 距离第 2 染色体短臂端点大约

110.9 cM，RM525 与 RM1367 相距 7.2 cM。查阅相关物理图谱，RM525 与 RM1367 之间的物理距离为 1 230 kb。推测在这两个群体的第 2 染色体上所检测到的水稻幼苗耐缺氧能力的 QTL 是同一个位点。

5.4.2 两个不同遗传背景群体在第 1 染色体上都检测到了 1 个控制根长的 QTL

本书在粳粳交 RIL 群体中共检测到 2 个控制根长的 QTL。其中 $qRL-1-R$ 与标记 RM486 紧密连锁，相距 2.0 cM，位于第 1 染色体短臂端点约 138.1 cM 位置上。在上一章籼粳交 BIL 群体中也检测到 1 个控制根长的 QTL，与 $qRL-1-B$ 紧密连锁的 RFLP 标记为 C813，对应的 SSR 标记为 RM226，位于第 1 染色体短臂端点约 136.9 cM 的位置上，$qRL-1-R$ 与 $qRL-1-B$ 相距约为 1.2 cM，推断为同一个控制根长的位点。

在双亲杂交后代分离群体中检测到 1 个 QTL 的实质是双亲控制这个性状的等位基因存在差异。$qSAT-2-R$ 和 $qSAT-2-B$、$qRL-1-R$ 与 $qRL-1-B$ 被推测是同一位点，而且它们的增效等位基因都来自高值亲本，但两者的解释率却相差 1 倍。我们分析有以下原因：一是在粳粳交 RIL 群体中高值亲本秀水 79 等位基因的增效效应与籼粳交 BIL 群体中高值亲本 Nipponbare 等位基因的增效效应不一样；二是与目标性状连锁的分子标记在两个群体中偏分离的程度不一样；三是两个群体遗传图谱的饱和度不一样。从原理上讲，在双亲遗传背景相近的杂交后代群体中检测到的 QTL 可靠性更高。极端类型是利用染色体单片段代换系间的代换作图法检测到的 QTL 最可靠、最直观。

5.4.3 在粳粳交 RIL 群体中发掘出 4 个种子活力优异等位变异

本书在秀水 79 与 C 堡衍生的粳粳交 RIL 群体中共检测到 9 个种子活力相关性状的 QTL，其中 4 个种子活力位点是首次发现的，它们是控制幼苗苗高的 $qSH-11-R$ 和控制幼苗干重的 $qDW-2a-R$、$qDW-2b-R$、$qDW-6-R$。控制幼苗苗高的优异等位变异为 RM206-165 bp。控制幼苗干重的优异等位变异分别为 RM525-143 bp、RM2127-175 bp 和 RM454-170 bp。这些优异等位变异是从粳稻品种中发掘出来的,与从籼粳交 BIL 群体中发掘出的来自籼稻的优异等位变异不同,可直接用于标记辅助改良粳稻品种种子活力,而不用担心籼粳交带来的不利影响。

6　太湖流域水稻品种种子活力和幼苗耐缺氧能力的 QTL 关联分析

　　第 4 章和第 5 章分别报告了利用籼粳交 BIL 家系作图群体和利用粳粳交 RIL 家系作图群体检测种子活力和幼苗耐缺氧能力优异等位变异的研究结果。这些优异等位变异是从双亲之间的比较得出的。为检测更优异的和更多的等位变异,本章利用关联分析的方法,对太湖流域水稻自然群体中种子活力和幼苗耐缺氧能力优异等位变异进行了检测,下面报告这 2 个性状优异等位变异的检测结果以及携带优异等位变异的载体材料。

6.1　太湖流域水稻自然群体遗传多样性、连锁不平衡及群体结构分析

6.1.1　太湖流域水稻自然群体遗传多样性分析

　　91 对引物在 56 份地方品种中共检测到 488 个等位变异,平均每个位点的等位变异数为 5,变幅在 2 ~ 20 个之间(见图 6 - 1);91 个位点中有 70% 的位点的等位片段在 3 个以上,遗传多样性指数为 0.44。育成品种共检测到 403 个等位变异,平均每个位点的等位变异数为 4,变幅在 1 ~ 16 之间,91 个位点中有 63% 的位点的等位片段在 3 个以上,遗传多样性指数也为 0.44(表 6 - 1)。这表明地方品种和育成品种群体均具有较丰富的遗传变异。

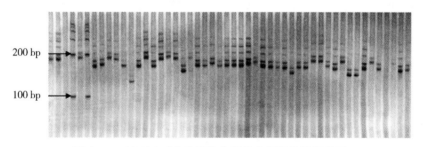

图 6 - 1　RM206 对自然群体中部分水稻品种扩增带型

表 6 - 1 91 个位点的多样性统计

	地方品种				育成品种		
标记	主要等位变异频率	基因型数目	基因多样性指数	标记	主要等位变异频率	基因型数目	基因多样性指数
RM84	0.36	4	0.71	RM84	0.93	2	0.14
RM259	0.48	7	0.65	RM259	0.43	3	0.65
RM579	0.24	13	0.86	RM579	0.30	10	0.83
RM490	0.57	5	0.59	RM490	0.25	7	0.81
RM8095	0.93	2	0.13	RM8095	0.85	2	0.26
RM562	0.60	4	0.55	RM562	0.73	3	0.43
RM297	0.40	7	0.70	RM297	0.25	9	0.81
RM486	0.78	4	0.38	RM486	0.69	5	0.49
RM265	0.74	4	0.41	RM265	0.44	4	0.67
RM14	0.33	8	0.78	RM14	0.36	6	0.77
RM7288	0.98	2	0.03	RM7288	1.00	1	0.00
RM5356	0.90	3	0.19	RM5356	0.58	3	0.56
RM1313	0.66	6	0.53	RM1313	0.61	4	0.53
RM262	0.81	2	0.31	RM262	0.94	2	0.10
RM5804	0.81	3	0.31	RM5804	0.47	3	0.59
RM106	0.84	2	0.26	RM106	0.94	2	0.10
RM6361	0.98	2	0.03	RM6361	1.00	1	0.00
RM573	0.91	2	0.16	RM573	0.92	2	0.15
RM450	0.50	4	0.57	RM450	0.53	3	0.52

续表

	地方品种				育成品种		
标记	主要等位变异频率	基因型数目	基因多样性指数	标记	主要等位变异频率	基因型数目	基因多样性指数
RM112	0.93	2	0.13	RM112	0.89	2	0.20
RM525	0.47	4	0.59	RM525	0.67	3	0.49
RM498	0.90	3	0.19	RM498	0.89	2	0.20
RM48	0.79	3	0.34	RM48	0.75	3	0.40
RM535	0.90	2	0.19	RM535	0.75	2	0.38
RM5480	0.95	2	0.10	RM5480	0.92	2	0.15
RM7	0.95	2	0.10	RM7	0.94	2	0.10
RM5639	0.41	6	0.70	RM5639	0.42	5	0.71
RM218	0.74	6	0.43	RM218	0.47	8	0.72
RM7403	0.98	2	0.03	RM7403	0.97	2	0.05
RM6266	0.91	2	0.16	RM6266	0.92	2	0.15
RM168	0.84	3	0.27	RM168	0.42	6	0.67
RM293	0.33	6	0.76	RM293	0.28	6	0.79
RM6314	0.95	4	0.10	RM6314	0.97	2	0.05
RM142	0.40	5	0.71	RM142	0.94	2	0.10
RM317	0.79	6	0.36	RM317	0.92	3	0.16
RM349	0.19	10	0.87	RM349	0.47	7	0.71
RM307	0.98	2	0.03	RM307	0.94	2	0.10
RM159	0.83	2	0.29	RM159	0.69	2	0.42

续表

	地方品种				育成品种		
标记	主要等位变异频率	基因型数目	基因多样性指数	标记	主要等位变异频率	基因型数目	基因多样性指数
RM267	0.91	2	0.16	RM267	0.94	2	0.10
RM405	0.28	12	0.85	RM405	0.19	8	0.84
RM574	0.48	3	0.63	RM574	0.86	2	0.24
RM6082	0.95	4	0.10	RM6082	1.00	1	0.00
RM305	0.97	2	0.07	RM305	0.94	2	0.10
RM480	0.21	11	0.85	RM480	0.31	7	0.79
RM508	0.98	2	0.03	RM508	0.94	2	0.10
RM510	0.28	6	0.79	RM510	0.61	4	0.57
RM225	0.34	12	0.82	RM225	0.25	10	0.85
RM50	0.43	5	0.72	RM50	0.75	3	0.40
RM136	0.41	5	0.71	RM136	0.31	6	0.79
RM162	0.38	8	0.78	RM162	0.28	8	0.81
RM82	0.98	2	0.03	RM82	0.64	3	0.53
RM125	0.91	2	0.16	RM125	0.97	2	0.05
RM180	0.84	3	0.27	RM180	0.47	4	0.65
RM542	0.29	11	0.83	RM542	0.50	6	0.66
RM8263	0.52	7	0.67	RM8263	0.36	7	0.79
RM418	0.12	20	0.93	RM418	0.14	16	0.92
RM346	0.34	8	0.76	RM346	0.31	8	0.79

续表

地方品种				育成品种			
标记	主要等位 变异频率	基因型 数目	基因多样 性指数	标记	主要等位 变异频率	基因型 数目	基因多样 性指数
RM336	0.24	11	0.83	RM336	0.25	9	0.83
RM234	0.74	5	0.42	RM234	0.89	4	0.21
RM152	0.83	5	0.31	RM152	0.86	3	0.25
RM1235	0.86	4	0.25	RM1235	0.64	5	0.54
RM4085	0.34	7	0.79	RM4085	0.58	5	0.60
RM331	0.81	5	0.33	RM331	0.47	5	0.67
RM72	0.17	20	0.91	RM72	0.17	11	0.87
RM6976	0.90	2	0.19	RM6976	0.94	2	0.10
RM80	0.24	15	0.86	RM80	0.31	9	0.80
RM6948	0.95	3	0.10	RM6948	0.83	3	0.29
RM281	0.69	3	0.45	RM281	0.89	2	0.20
RM264	0.66	2	0.45	RM264	0.81	2	0.31
RM8206	0.16	11	0.88	RM8206	0.22	11	0.88
RM3912	0.41	8	0.72	RM3912	0.75	4	0.41
RM566	0.93	4	0.13	RM566	0.92	3	0.16
RM6570	0.55	3	0.52	RM6570	0.86	2	0.24
RM257	0.43	7	0.71	RM257	0.61	6	0.56
RM201	0.91	3	0.16	RM201	0.94	3	0.11
RM5348	0.28	11	0.85	RM5348	0.33	8	0.81

续表

地方品种				育成品种			
标记	主要等位 变异频率	基因型 数目	基因多样 性指数	标记	主要等位 变异频率	基因型 数目	基因多样 性指数
RM311	0.88	4	0.22	RM311	0.76	4	0.39
RM184	0.95	2	0.10	RM184	0.89	2	0.20
RM5629	0.91	2	0.16	RM5629	0.86	2	0.24
RM6544	0.95	2	0.10	RM6544	0.94	2	0.10
RM3133	0.91	2	0.16	RM3133	0.86	2	0.24
RM287	0.36	8	0.75	RM287	0.61	5	0.58
RM457	0.93	2	0.13	RM457	0.94	2	0.10
RM463	0.38	5	0.72	RM463	0.53	3	0.56
RM5479	0.28	14	0.85	RM5479	0.28	10	0.82
RM21	0.26	10	0.80	RM21	0.39	13	0.81
RM206	0.17	17	0.91	RM206	0.33	13	0.84
RM7102	0.83	4	0.30	RM7102	0.53	3	0.52
RM20	0.91	2	0.16	RM20	0.86	2	0.24
RM277	0.93	2	0.13	RM277	0.92	2	0.15
RM7120	0.93	2	0.13	RM7120	1.00	1	0.00
平均	0.65	5	0.44	平均	0.66	4	0.44

6.1.2　太湖流域水稻自然群体 SSR 位点间的连锁不平衡

　　91 个 SSR 位点的 4 095 个组合中,在相同和不同染色体的组合中都存在一定程度的连锁不平衡($D' > 0.5$,见图 6 - 2 对角线上方),但得到统计概率($P < 0.01$)支持的不平衡成对位点的比例并不大。表 6 - 2 显示,地方品种群体中,不平衡位点数占全部位点数的 16.5% ;育成品种群体中,不平衡位点数占全部位点数的 8.2% 。然而从 D' 值和分布看,育成品种略高于地方品种,说明人工选择加大了连锁不平衡。

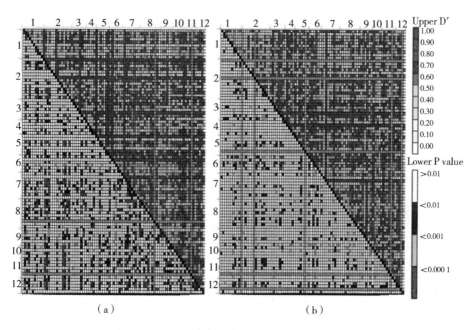

图 6 - 2　地方品种(a)和育成品种(b)

12 条染色体上 91 个 SSR 位点间连锁不平衡的分布

　　注:SSR 位点以染色体为单位,按图 6 - 1 顺序排列在 X、Y 轴方向。黑色对角线上方的每一像素格使用右侧色差代码表征成对位点间 D' 值大小,对角线下方为测验成对位点间连锁不平衡的 P 值。

　　进一步对 D' 值与遗传距离进行回归分析发现,地方品种和育成品种基因组

都遵循方程 $y = b\ln(x) + c$，连锁不平衡衰减（$D' < 0.5$）所延伸的最小距离，在地方品种群体为 20 cM，在育成品种群体为 15 cM。D' 值衰减速度比较慢。

表 6-2　地方品种群体和育成品种群体 SSR 位点间连锁不平衡程度的比较

群体	不平衡位点数	D'值次数分布（$P < 0.01$）					D' 平均值
		0~0.20	0.21~0.40	0.41~0.60	0.61~0.80	0.81~1.00	
地方品种	675(16.5%)	0	58	208	237	172	0.63
育成品种	336(8.2%)	0	9	84	117	126	0.66

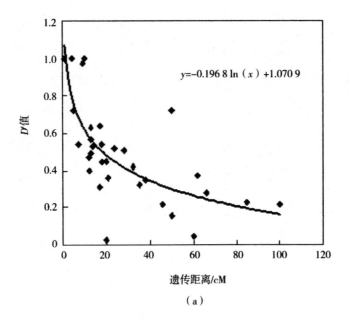

$$y = -0.196\,8\ln(x) + 1.070\,9$$

（a）

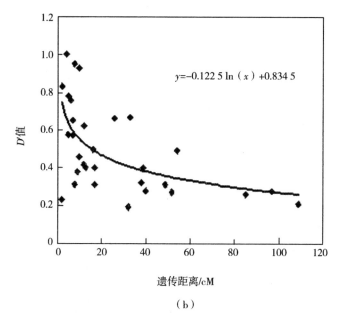

$$y=-0.122\,5\ln（x）+0.834\,5$$

（b）

图6-3　地方品种（a）和育成品种（b）群体中相同染色体

SSR 位点对间 D' 值随着遗传距离增加而衰减的散点图

6.1.3　太湖流域水稻自然群体的结构分析

利用 Structure 软件,基于 70 个(删除遗传距离较近的 21 个)覆盖水稻全基因组的 SSR 标记对自然群体进行结构分析。依据似然值[$\ln\Pr(X/K)$]最大的原则,分析结果表明,自然群体的等位变异频率特征类型数 $K=8$ 时,其模型后验概率最大(表6-3)。

表 6-3　不同 K 值下的 $\ln\Pr(X/K)$ 平均值

K	2	3	4	5	6	7	8	9
$\ln\Pr$ (X/K)	-9 385.7	-8 620.6	-8 216.3	-7 893.3	7 627.4	-8 307.7	-7 170.5	-7 333.8

进一步分析亚群的生物学意义发现,太湖流域核心种质亚群的划分与按照抽穗期的早晚分成的 5 个生态型相关($\chi^2 = 45.22$,大于 $\chi^2_{(0.05,28)} = 41.34$)(表 6-4),表明亚群遗传上的分化与抽穗期划分的生态型有关联,抽穗期的划分具有一定的遗传基础。

表 6-4　水稻自然群体 SSR 标记数学模型聚类与生态型的关联

生态型	聚类亚群									χ^2
	1	2	3	4	5	6	7	8	合计	
Ⅰ	—	2	—	—	—	1	1	—	4	
Ⅱ	10	4	1	—	—	1	3	3	22	$\chi^2 = 45.22$
Ⅲ	8	1	8	3	3	5	—	2	30	$P < 0.05$
Ⅳ	—	—	—	—	3	3	3	—	9	$\chi^2_{(0.05,28)} = 41.34$
Ⅴ	—	1	11	—	8	1	5	—	26	
合计	18	8	20	3	14	11	12	5	91*	

注:Ⅰ 为早熟中粳;Ⅱ 为中熟中粳;Ⅲ 为迟熟中粳;Ⅳ 为早熟晚粳;Ⅴ 为中熟晚粳;* 表示有 3 个品种生育期数据缺失。

群体结构分析所得的 Q 矩阵如表 6-5 所示,用于后续分析。

表 6-5　群体结构 Q 矩阵

材料名称	$Q1$	$Q2$	$Q3$	$Q4$	$Q5$	$Q6$	$Q7$	$Q8$
鸭子黄	0.001	0.001	0.092	0.002	0.014	0.001	0.884	0.005
红芒沙粳	0.000	0.994	0.001	0.001	0.001	0.000	0.001	0.002
晚黄稻	0.002	0.001	0.001	0.001	0.009	0.002	0.983	0.003
果子糯	0.001	0.001	0.007	0.006	0.004	0.001	0.980	0.001
水晶白稻	0.001	0.001	0.073	0.001	0.009	0.002	0.913	0.001
无芒早稻	0.001	0.003	0.002	0.003	0.002	0.002	0.986	0.001
三百粒头	0.001	0.001	0.002	0.001	0.002	0.001	0.991	0.001
粗营晚洋稻	0.004	0.001	0.002	0.001	0.036	0.001	0.955	0.001
洋铃稻	0.001	0.001	0.029	0.001	0.003	0.003	0.961	0.002
晚野稻	0.001	0.000	0.030	0.001	0.005	0.001	0.962	0.001
敲冰黄	0.001	0.001	0.564	0.001	0.002	0.001	0.430	0.001
铁粳青	0.001	0.001	0.692	0.001	0.003	0.001	0.301	0.001
小白野稻	0.002	0.016	0.838	0.045	0.046	0.008	0.044	0.001
抱芯太湖青	0.001	0.818	0.177	0.001	0.002	0.001	0.001	0.001
江丰 4 号	0.003	0.001	0.866	0.033	0.021	0.015	0.046	0.016
苏粳 4 号	0.001	0.004	0.961	0.004	0.014	0.001	0.013	0.001
老头大稻	0.001	0.000	0.975	0.001	0.020	0.001	0.001	0.001
薄稻	0.001	0.000	0.994	0.001	0.001	0.001	0.001	0.001
晚木樨球	0.001	0.001	0.994	0.001	0.001	0.001	0.001	0.001
荒三石	0.003	0.001	0.938	0.032	0.019	0.001	0.003	0.003
二黑稻	0.001	0.000	0.995	0.001	0.001	0.001	0.001	0.001

续表

材料名称	Q1	Q2	Q3	Q4	Q5	Q6	Q7	Q8
小青种	0.008	0.001	0.984	0.001	0.002	0.001	0.002	0.002
旱光头	0.001	0.001	0.964	0.001	0.003	0.001	0.029	0.001
小罗汉黄	0.001	0.001	0.992	0.001	0.002	0.001	0.001	0.001
苏州青	0.001	0.000	0.918	0.001	0.009	0.046	0.016	0.008
晚芦栗	0.002	0.001	0.974	0.002	0.003	0.002	0.004	0.011
晚八果	0.001	0.001	0.832	0.001	0.155	0.002	0.008	0.001
恶不死糯稻	0.003	0.001	0.774	0.019	0.002	0.001	0.200	0.001
老叠谷	0.002	0.000	0.960	0.001	0.032	0.001	0.004	0.001
野凤凰	0.017	0.001	0.970	0.005	0.002	0.002	0.002	0.001
陈家种	0.001	0.000	0.564	0.001	0.365	0.002	0.063	0.005
旱黑头红1	0.002	0.001	0.543	0.001	0.447	0.003	0.003	0.001
罗汉黄	0.001	0.000	0.543	0.001	0.447	0.001	0.006	0.001
龙沟种	0.030	0.000	0.310	0.007	0.647	0.001	0.002	0.001
石芦青	0.001	0.000	0.238	0.001	0.754	0.001	0.004	0.001
立更青	0.001	0.000	0.076	0.001	0.908	0.001	0.011	0.001
旱黑头红2	0.001	0.001	0.017	0.001	0.744	0.001	0.003	0.232
老来红	0.001	0.001	0.003	0.001	0.983	0.001	0.009	0.001
二粒瘪	0.013	0.000	0.001	0.001	0.979	0.002	0.001	0.001
金谷黄	0.001	0.001	0.001	0.001	0.991	0.001	0.001	0.001
粗杆黄稻	0.002	0.001	0.065	0.013	0.911	0.002	0.004	0.001
旱十日黄稻	0.001	0.001	0.001	0.001	0.992	0.001	0.002	0.001

续表

材料名称	Q1	Q2	Q3	Q4	Q5	Q6	Q7	Q8
盛塘青 1	0.001	0.000	0.001	0.001	0.992	0.001	0.004	0.001
小慢稻	0.001	0.000	0.011	0.001	0.984	0.001	0.002	0.001
盛塘青 2	0.001	0.000	0.005	0.001	0.988	0.001	0.003	0.001
晚慢稻	0.001	0.001	0.001	0.001	0.993	0.001	0.002	0.001
南头种	0.001	0.001	0.003	0.001	0.925	0.002	0.065	0.002
打鸟稻	0.013	0.001	0.002	0.001	0.044	0.003	0.934	0.002
孔雀青	0.002	0.001	0.001	0.001	0.002	0.008	0.984	0.001
开青	0.002	0.234	0.003	0.002	0.003	0.181	0.573	0.002
慢野稻	0.001	0.001	0.001	0.001	0.002	0.384	0.608	0.001
白壳糯	0.001	0.993	0.001	0.001	0.001	0.001	0.001	0.001
白芒糯	0.003	0.001	0.001	0.002	0.002	0.564	0.425	0.003
香珠糯	0.005	0.001	0.002	0.022	0.003	0.486	0.479	0.002
鸭血糯	0.109	0.001	0.056	0.003	0.103	0.465	0.262	0.002
籼恢 429	0.027	0.302	0.001	0.005	0.002	0.648	0.013	0.002
紫尖籼 3	0.002	0.756	0.001	0.180	0.001	0.058	0.001	0.001
荒三担糯稻	0.002	0.685	0.001	0.001	0.001	0.309	0.001	0.001
嘉 159	0.006	0.007	0.001	0.002	0.003	0.977	0.001	0.001
泗稻 10 号	0.002	0.001	0.001	0.001	0.001	0.968	0.001	0.024
武羌	0.059	0.011	0.003	0.003	0.005	0.875	0.006	0.038
武育粳 3 号	0.002	0.001	0.001	0.002	0.001	0.990	0.001	0.002
秀水 04	0.001	0.001	0.001	0.001	0.001	0.991	0.001	0.004

续表

材料名称	Q1	Q2	Q3	Q4	Q5	Q6	Q7	Q8
镇稻 88	0.042	0.001	0.001	0.001	0.001	0.950	0.001	0.004
镇稻 6 号	0.009	0.000	0.001	0.164	0.001	0.807	0.001	0.017
台粳 9 号选	0.002	0.000	0.001	0.002	0.001	0.001	0.001	0.993
台粳 16 选低 AC	0.002	0.000	0.001	0.007	0.001	0.008	0.001	0.981
台粳 16 选	0.001	0.001	0.003	0.323	0.002	0.001	0.002	0.669
滇屯 502 选早	0.007	0.712	0.001	0.275	0.001	0.001	0.001	0.004
H35（6435）	0.002	0.001	0.001	0.992	0.001	0.001	0.001	0.002
H37（6427）	0.005	0.001	0.001	0.895	0.007	0.026	0.002	0.062
粳糯（紫尖）	0.025	0.001	0.001	0.394	0.001	0.001	0.001	0.576
南农粳 62401	0.002	0.987	0.001	0.001	0.001	0.002	0.001	0.005
通粳 109	0.129	0.001	0.001	0.710	0.001	0.111	0.047	0.001
扬稻 6 号	0.002	0.992	0.001	0.002	0.001	0.001	0.001	0.002
宁粳 1 号	0.373	0.001	0.001	0.201	0.001	0.001	0.001	0.421
武粳 15	0.610	0.001	0.001	0.001	0.001	0.002	0.001	0.384
武香粳 14	0.641	0.001	0.001	0.003	0.001	0.003	0.001	0.349
徐稻 3 号	0.992	0.001	0.001	0.001	0.001	0.001	0.003	0.001
南农粳 003	0.795	0.000	0.001	0.199	0.001	0.001	0.001	0.003
南农粳 005	0.989	0.001	0.001	0.003	0.001	0.002	0.001	0.002
5 粳 20	0.983	0.001	0.001	0.008	0.002	0.003	0.001	0.002
5 粳 15	0.966	0.009	0.001	0.001	0.001	0.019	0.001	0.003
秣陵粳	0.964	0.001	0.002	0.023	0.004	0.001	0.003	0.002
5 粳 03	0.950	0.001	0.001	0.039	0.001	0.004	0.001	0.005
5 粳 68	0.819	0.002	0.002	0.008	0.001	0.155	0.001	0.012
徐稻 4 号	0.992	0.002	0.001	0.001	0.001	0.001	0.001	0.001

续表

材料名称	Q1	Q2	Q3	Q4	Q5	Q6	Q7	Q8
徐稻 5 号	0.989	0.001	0.001	0.002	0.001	0.002	0.001	0.003
淮稻 9 号	0.969	0.001	0.001	0.002	0.001	0.024	0.001	0.002
盐稻 6 号	0.868	0.041	0.004	0.025	0.001	0.001	0.001	0.059
阳光 200	0.985	0.001	0.001	0.001	0.005	0.004	0.001	0.003
连粳 2 号	0.957	0.001	0.002	0.023	0.001	0.011	0.003	0.001
秀水 79	0.941	0.001	0.003	0.005	0.004	0.012	0.027	0.007
C 堡	0.723	0.149	0.001	0.044	0.001	0.012	0.001	0.069

6.2 太湖流域水稻自然群体种子活力性状的 QTL 与 SSR 标记的关联分析

6.2.1 太湖流域水稻自然群体中与种子活力性状相关联的 SSR 标记

太湖流域水稻自然群体为多个亚群体组成,将各个体相应的 Q 值作为协变量,分别进行标记变异对活力性状表型变异的回归分析,寻找与活力性状位点相关联的标记。在 91 个标记位点中共有 11 个标记位点与种子活力性状相关。表 6 - 6 列出了所有关联标记及其对相应性状表型变异的解释率。

表6-6 与种子活力性状显著相关($P<0.05$)的标记位点及对表型变异的解释率

标记	图位/cM	解释率/%			标记	图位/cM	解释率/%		
		根长	苗高	干重			根长	苗高	干重
RM259	(1)36.8	—	—	17	RM6948	(8)114.4	13	14	12
RM486	(1)153.5	14	—	—	RM8206	(9)3.2	26	—	—
RM262	(2)70.2	—	13	10	RM3133	(11)32.7	—	7	—
RM48	(2)190.2	—	—	10	RM287	(11)68.6	—	28	—
RM317	(4)90.0	—	7	—	RM457	(11)78.8	—	—	8
RM125	(7)24.8	7	—	—					

注:括号内数字表示标记所在染色体。

群体中与根长相关联的标记共有 4 个,分别为 RM486、RM125、RM6948 和 RM8206,对相应表型变异的解释率分别为 14%、7%、13% 和 26%。

群体中与苗高相关联的标记共有 5 个,分别为 RM262、RM317、RM6948、RM3133 和 RM287,对相应表型变异的解释率分别为 13%、7%、14%、7% 和 28%。

群体中与干重相关联的标记共有 5 个,分别为 RM259、RM262、RM48、RM6948 和 RM457,对相应表型变异的解释率分别为 17%、10%、10%、12% 和 8%。

其中 RM6948 与根长、苗高和干重 3 个性状相关联,RM262 与苗高、干重两个性状相关联。

6.2.2 太湖流域水稻自然群体中种子活力 3 个性状的优异等位变异及其载体材料

对与种子活力相关的 11 个 SSR 标记位点,分别求出同一位点不同等位变异的表型效应值。表 6-7 列出了 3 个性状关联位点增效(减效)表型效应的等位变异、相应的效应值和典型材料。

表 6 - 7 与种子活力性状显著关联的位点及其等位变异对应的表型效应

性状	位点-等位变异	表型效应	典型材料	性状	位点-等位变异	表型效应	典型材料
根长/mm	RM486 - 117	+14.4	滇屯 502 选早	根长/mm	RM8206 - 283	+2.23	盛塘青 1
	RM486 - 122	+14.0	扬稻 6 号		RM8206 - 277	+1.76	镇稻 88
	RM486 - 102	+6.29	孔雀青		RM8206 - 289	+1.03	二黑稻
	RM486 - 112	+0.96	无芒早稻		RM8206 - 308	+1.00	早光头
	RM486 - 110	-2.04	镇稻 88		RM8206 - 296	+0.44	阳光 200
	RM486 - 107	-3.25	早光头		RM8206 - 267	+0.22	台粳 16 选低 AC
	RM125 - 116	+2.08	阳光 200		RM8206 - 300	-8.79	二粒塘
	RM125 - 119	-2.43	红芒沙粳		RM8206 - 269	-15.2	宁粳 1 号
	RM8206 - 279	+7.45	粳糯（紫尖）		RM8206 - 285	-17.4	南农粳 005
	RM8206 - 263	+7.11	孔雀青		RM6948 - 116	+13.6	南农粳 62401
	RM8206 - 291	+2.99	粗营晚洋稻		RM6948 - 105	+9.09	开青
	RM8206 - 273	+2.90	滇屯 502 选早		RM6948 - 101	-12.2	台粳 16 选低 AC
苗高/mm	RM262 - 152	+2.87	抱恋大湖青	苗高/mm	RM317 - 164	+3.51	白壳糯
	RM262 - 141	-0.98	武粳 15		RM317 - 159	+0.57	立更青
	RM262 - 146	-8.46	荒三担糯稻		RM317 - 167	+0.32	紫尖籼 3
	RM317 - 142	+9.43	开青		RM317 - 139	-1.39	三百粒头

续表

性状	位点－等位变异	表型效应	典型材料	性状	位点－等位变异	表型效应	典型材料
苗高/mm	RM317－157	-2.69	白芒糯	苗高/mm	RM287－112	+2.32	台粳16号选
	RM3133－104	+3.27	盛埔青2		RM287－107	+0.84	小青种
	RM3133－113	-0.46	台粳16号选		RM287－102	-2.43	粗秆晚洋稻
	RM3133－101	-2.19	抱恶太湖青		RM287－109	-2.86	立更青
	RM287－115	+15.0	开青		RM6948－116	+5.92	慢野稻
	RM287－118	+8.59	籼恢429		RM6948－105	+3.54	扬稻6号
	RM287－104	+2.78	鸭血糯		RM6948－101	-5.11	武粳15
干重/mg	RM259－187	+4.48	小白野稻	干重/mg	RM48－221	-1.68	紫尖籼3
	RM259－173	+0.53	水晶白稻		RM457－270	+1.14	恶不死糯稻
	RM259－175	+0.51	孔雀青		RM457－280	-2.14	紫尖籼3
	RM259－157	+0.37	籼恢429		RM262－162	+10.3	滇屯502选旱
	RM259－178	+0.27	恶不死糯稻		RM262－141	+0.09	恶不死糯稻
	RM259－164	-2.57	抱恶太湖青		RM262－152	-0.85	籼恢429
	RM259－159	-10.88	红芒沙粳		RM6948－116	+8.28	C堡
	RM48－240	+2.67	苏粳4号		RM6948－105	+2.10	苏粳4号
	RM48－225	+1.22	水晶白稻		RM6948－101	-5.81	镇稻6号

与幼苗根长关联的 RM486 扩增产物中 102 bp、112 bp、117 bp 和 122 bp 具有加性效应,以 117 bp 的加性效应值(+14.4 mm)最大,典型材料为滇屯 502 选早。与幼苗根长关联的 RM125 扩增产物中 116 bp 具有加性效应,加性效应值为 +2.08 mm,典型材料为阳光 200;与幼苗根长关联的 RM8206 扩增产物中 263 bp、267 bp、273 bp、277 bp、279 bp、283 bp、289 bp、291 bp、296 bp 和 308 bp 具有加性效应,以 279 bp 的加性效应值(+7.45 mm)最大,典型材料为粳糯(紫尖)。与幼苗根长关联的 RM6948 扩增产物中 105 bp 和 116 bp 具有加性效应,以 116 bp 的加性效应值(+13.6 mm)最大,典型材料为南农粳 62401。

与幼苗苗高关联的 RM262 扩增产物中 152 bp 具有加性效应,加性效应值为 +2.87 mm,典型材料为抱蕊太湖青;与幼苗苗高关联的 RM317 扩增产物(见图 6-4)中 142 bp、159 bp、164 bp 和 167 bp 具有加性效应,以 142 bp 的加性效应值(+9.43 mm)最大,典型材料为开青;与幼苗苗高关联的 RM3133 扩增产物中 104 bp 具有加性效应,加性效应值为 +3.27 mm,典型材料为盛塘青 2;与幼苗苗高关联的 RM287 扩增产物中 104 bp、107 bp、112 bp、115 bp 和 118 bp 具有加性效应,以 115 bp 的加性效应值(+15.0 mm)最大,典型材料为开青。与幼苗苗高关联的 RM6948 扩增产物中 105 bp 和 116 bp 具有加性效应,以 116 bp 的加性效应值(+5.92 mm)最大,典型材料为慢野稻。

与幼苗干重关联的 RM259 扩增产物中 157 bp、173 bp、175 bp、178 bp 和 187 bp 具有加性效应,以 187 bp 的加性效应值(+4.48 mg)最大,典型材料为小白野稻;与幼苗干重关联的 RM48 扩增产物中 225 bp 和 240 bp 具有加性效应,以 240 bp 的加性效应值(+2.67 mg)最大,典型材料为苏粳 4 号;与幼苗苗高关联的 RM457 扩增产物中 270 bp 具有加性效应,加性效应值为 +1.14 mg,典型材料为恶不死糯稻;与幼苗干重关联的 RM262 扩增产物中 141 bp 和 162 bp 具有加性效应,以 162 bp 的加性效应值(+10.3 mg)最大,典型材料为滇屯 502 选早。与幼苗干重关联的 RM6948 扩增产物中 105 bp 和 116 bp 具有加性效应,以 116 bp 的加性效应值(+8.28 mg)最大,典型材料为 C 堡。

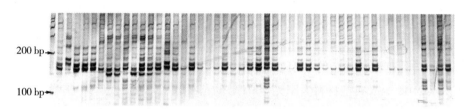

图6-4　RM317对自然群体中部分水稻品种扩增带型

6.3　太湖流域水稻自然群体幼苗耐缺氧能力的QTL与SSR标记的关联分析

6.3.1　太湖流域水稻自然群体与幼苗耐缺氧能力相关联的SSR标记

在91个标记位点中共有4个标记位点与幼苗耐缺氧能力的QTL相关,表6-8列出了所有关联标记及其对相应性状表型变异的解释率。

表6-8　与耐缺氧能力显著相关($P<0.05$)的标记位点及对表型变异的解释率

标记	图位/cM	解释率/%	标记	图位/cM	解释率/%
RM112	(2)137.5	7	RM311	(8)25.2	15
RM317	(4)96.0	14	RM20	(10)3.2	7

注:括号中数字表示标记所在染色体。

群体中与幼苗耐缺氧能力相关联的标记共有4个,分别为RM112、RM317、RM311和RM20,对相应表型变异的解释率分别为7%、14%、15%和7%。

6.3.2　太湖流域水稻自然群体中具有耐缺氧能力的优异等位变异及其载体材料

对与幼苗耐缺氧能力相关的4个SSR标记位点,分别求出同一位点不同等位变异的表型效应值。表 6-9 列出了耐缺氧能力关联位点增效(减效)表型效应的等位变异、相应的效应值和典型材料。

表 6-9 与幼苗耐缺氧能力显著关联的位点及其等位变异对应的表型效应

位点 - 等位变异	表型效应	典型材料	位点 - 等位变异	表型效应	典型材料
RM112 - 127	+1.12	开青	RM317 - 159	-0.91	老叠谷
RM112 - 132	-1.12	台粳 9 号选	RM311 - 176	+1.48	镇稻 88
RM317 - 164	+1.20	白芒糯	RM311 - 170	+0.22	C 堡
RM317 - 157	+0.33	粗杆黄稻	RM311 - 174	-0.06	慢野稻
RM317 - 139	-0.44	粗营晚洋稻	RM311 - 187	-2.04	嘉 159
RM317 - 142	-0.46	晚野稻	RM20 - 205	+0.35	有芒早稻
RM317 - 167	-0.68	红芒沙粳	RM20 - 299	-0.35	荒三担糯稻

与幼苗耐缺氧能力关联的 RM112 扩增产物中 127 bp 具有加性效应,加性效应值为 +1.12,典型材料为开青。与幼苗耐缺氧能力关联的 RM317 扩增产物中 164 bp 和 157 bp 具有加性效应,以 164 bp 的加性效应值最大,为 +1.20,典型材料为白芒糯。与幼苗耐缺氧能力关联的 RM311 扩增产物中 176 bp 和 170 bp 具有加性效应,以 176 bp 的加性效应值最大,为 +1.48,典型材料为镇稻 88(见图 6-5)。与幼苗耐缺氧能力关联的 RM20 扩增产物(见图 6-6)中 205 bp 具有加性效应,加性效应值为 +0.35,典型材料为有芒早稻。

图 6-5 阳光 200 和镇稻 88 植株

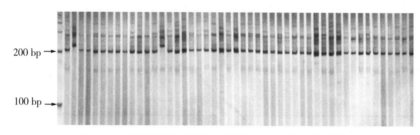

图 6-6 RM20 对自然群体中部分水稻品种扩增带型

6.4 正常发芽条件下太湖流域水稻自然群体芽鞘长的 QTL 与 SSR 标记的关联分析

6.4.1 正常发芽条件下太湖流域水稻自然群体与芽鞘长相关联的 SSR 标记

在 91 个标记位点中共有 6 个标记位点与正常发芽条件下芽鞘长的 QTL 相关,表 6-10 列出了所有关联标记及其对相应性状表型变异的解释率。

表 6-10 与正常发芽条件下芽鞘长显著相关($P < 0.05$)的
标记位点及对表型变异的解释率

标记	图位/cM	解释率/%	标记	图位/cM	解释率/%
RM14	(1)194	13	RM281	(8)128.1	7
RM574	(5)41.0	7	RM277	(12)48.2	7
RM6948	(8)114.4	14	RM7120	(12)66.6	28

注:括号中数字表示标记所在染色体。

群体中与芽鞘长相关联的标记共有 6 个,分别为 RM14、RM547、RM6948、RM281、RM277 和 RM7120,对相应表型变异的解释率分别为 13%、7%、14%、7%、7% 和 28%。

6.4.2 正常发芽条件下太湖流域水稻自然群体芽鞘长的优异等位变异及其载体材料

对与正常芽鞘长相关的 6 个 SSR 标记位点,分别求出同一位点不同等位变异的表型效应值。表 6-11 列出了正常发芽条件下芽鞘长关联位点增效(减效)表型效应的等位变异、相应的效应值和典型材料。

表 6 - 11　与正常发芽条件下芽鞘长显著关联的位点及其等位变异对应的表型效应

位点 - 等位变异	表型 效应	典型材料	位点 - 等位变异	表型 效应	典型材料
RM14 - 275	+ 2.32	抱芯太湖青	RM574 - 159	- 0.51	阳光 200
RM14 - 289	+ 0.50	台粳 9 号选	RM6948 - 101	+ 0.50	连粳 2 号
RM14 - 263	+ 0.38	小青种	RM6948 - 105	+ 0.02	红芒沙粳
RM14 - 258	+ 0.29	立更青	RM6948 - 116	- 0.87	5 粳 68
RM14 - 249	+ 0.03	秀水 04	RM281 - 132	+ 0.94	开青
RM14 - 253	- 0.03	老叠谷	RM281 - 154	+ 0.10	龙沟种
RM14 - 261	- 0.26	阳光 200	RM281 - 151	- 0.22	盐稻 6 号
RM14 - 282	- 0.45	紫尖籼 3	RM277 - 123	+ 0.21	秀水 04
RM14 - 256	- 0.79	5 粳 20	RM277 - 128	- 0.21	籼恢 429
RM574 - 156	+ 0.78	早十日黄稻	RM7120 - 173	+ 0.90	开青
RM574 - 162	- 0.30	徐稻 3 号	RM7120 - 163	- 0.90	白芒糯

　　与正常发芽条件下芽鞘长关联的 RM14 扩增产物中 275 bp、289 bp、263 bp、258 bp 和 249 bp 都具有加性效应,以 275 bp 加性效应值最大,为 + 2.32 mm,典型材料为抱芯太湖青;与正常发芽条件下芽鞘长关联的 RM574 扩增产物中 156 bp 具有加性效应,加性效应值为 + 0.78 mm,典型材料为早十日黄稻;与正常发芽条件下芽鞘长关联的 RM6948 扩增产物中 101 bp 和 105 bp 具有加性效应,以 101 bp 的加性效应值(+ 0.50 mm)最大,典型材料为连粳 2 号;与正常发芽条件下芽鞘长关联的 RM281 扩增产物中 132 bp 和 154 bp 具有加性效应,以 132 bp 的加性效应值(+ 0.94 mm)最大,典型材料为开青;与正常发芽条件下芽鞘长关联的 RM277 扩增产物中 123 bp 具有加性效应,加性效应值为 + 0.21 mm,典型材料为秀水 04;与正常发芽条件下芽鞘长关联的 RM7120 扩增产物中 173 bp 具有加性效应,加性效应值为 + 0.90 mm,典型材料为开青。

6.5　讨论

6.5.1　关联群体的连锁不平衡分析

群体选择压力产生的选择牵连作用导致水稻基因组间连锁不平衡水平不同,这也是进行关联分析的前提和基础。本书基于 91 个位点的分子标记对水稻基因组进行粗略意义上的扫描,发现关联群体在相同和不同染色体间存在较高程度的连锁不平衡,群体连锁不平衡衰减较慢。其原因可能是群体小,来源于相同的地域范围,导致自交物种的连锁不平衡程度高。另外,自交群体趋向纯合,有效的重组率就会很低,也会导致连锁不平衡程度高。连锁不平衡水平较高,进行关联分析时分辨率会较低,但需要的标记数目会较少,因此更适宜进行全基因组扫描。

6.5.2　群体结构对关联分析结果的影响

与连锁分析相比,关联分析更容易造成假阳性,其原因在于群体结构能增加染色体间的连锁不平衡性,使目的性状与不相关的位点间表现出关联,即造成了伪关联。因此,关联分析前对群体进行结构分析和调节是必要的。本书利用多位点基因型数据,采用了基于模型的聚类来分析群体结构,计算出各个体归入各亚群的概率(Q 值),并将 Q 值作为协变量纳入回归分析,用以矫正亚群混合造成的伪关联。另外,利用 SSR 标记对群体结构划分发现,太湖流域核心种质亚群的划分与抽穗期的早晚相关,表明抽穗期的划分具有一定的遗传基础。本书的第 3 章将太湖流域的粳稻地方品种以抽穗期不同划分为 5 个生态型,来研究其种子活力和幼苗耐缺氧能力的遗传变异,结果发现不同生态型的种子活力和幼苗耐缺氧能力遗传变异存在一定差异,该研究结果表明这种差异来源于不同的遗传基础。

6.5.3 关联分析结果与家系作图结果的比较

本书中关联分析检测到的位点数均高于家系作图。

在关联分析中检测到的与种子活力的 3 个性状相关联的位点数均多于在家系作图中检测到的位点数,两个群体中检测到的位点比较如下:

两个群体都在第 1 染色体上检测到控制根长的位点。关联群体中的位点与标记 RM486 相关,与在家系作图群体中位于 RM486 ~ RM265 区间的 $qRL - 1 - R$ 相距 2.0 cM,推断为同一位点。

两个群体都分别在第 2、8 和 11 染色体上检测到了控制苗高的 QTL。但染色体上的位置有所差异。关联群体在第 8 染色体上检测位点与标记 RM6948 关联,家系作图群体中检测到的 $qSH - 8 - R$,位于 RM264 ~ RM6948 区间,也与 RM6948 紧密连锁,推断为同一位点。关联分析在第 11 染色体检测到的与标记 RM287 关联的位点和家系作图中检测到的 $qSH - 11 - R$,相差 27 cM。推测在这一区间存在控制苗高的 QTL。关联分析和家系作图虽然在第 2 染色体上都检测到 1 个位点,但二者相距较远,为 100 cM。

两个群体在第 2 染色体上都检测到两个控制幼苗干重的 QTL。在关联分析中第 2 染色体上与标记 RM262 相关的位点,与家系作图中检测到的 $qDW - 2a - R$ 相距 18.0 cM,推断为同一位点;关联分析中另外一个与标记 RM48 相关的位点,与家系作图中检测到的 $qDW - 2b - R$ 相距 4.0 cM,推断为同一位点。

在关联分析中检测到的与幼苗耐缺氧能力相关联的位点数均多于在家系作图中检测到的位点数,其中关联分析在第 2 染色体上检测到的与标记 RM112 关联的位点,与家系作图中检测到的 $qSAT - 2 - R$ 相距 14.4 cM,推断为同一个位点。

在两类群体中都检测到标记 RM486 与种子活力性状根长优异等位变异紧密连锁。在家系作图群体中,RM486 扩增得到的来自 C 堡的优异等位变异为 112 bp,在自然群体中除检测到 RM486 - 112 bp 等位变异外,还发掘到了优于 RM486 - 112 bp 的另外 3 个等位变异 RM486 - 102 bp、RM486 - 117 bp 和 RM486 - 122 bp。与种子活力性状苗高优异等位变异紧密连锁的标记 RM6948,在家系作图群体中扩增得到的来自 C 堡的优异等位变异为 116 bp,在自然群体中 RM6948 – 116 bp 的加性效应值最大,除此以外,RM6948 – 105 bp 也具有加性效应。

两类群体在检测原理和方法上是不同的,却能检测到高度一致的位点,说明这些位点在选择上具有选择牵连作用,在现代品种选育过程中保留了优异等位变异。

6.5.4 关联分析结果在育种中的应用

本书利用关联分析共检测到 11 个 SSR 标记与种子活力位点相关,发掘出了 42 个优异等位变异及相应的载体材料,其中 17 个控制幼苗的根长、13 个控制幼苗苗高、12 个控制幼苗干重。其中 RM6948 与根长、苗高和干重 3 个性状相关联,RM262 与苗高、干重两个性状相关联。有些载体材料也同时携带有两个以上的优异等位变异。同时利用关联分析检测到 4 个 SSR 标记与幼苗耐缺氧能力位点相关,发掘出了 6 个优异等位变异及相应的载体材料。其中 RM317 既与种子活力性状相关又与幼苗耐缺氧能力相关。将不同位点上的优异等位变异聚合于一体可以培育出适宜直播的粳稻品种。

附　　录

附录一　试验材料编号

编号	材料名称	编号	材料名称
ID1	鸭子黄	ID24	小罗汉黄
ID2	红芒沙粳	ID25	苏州青
ID3	晚黄稻	ID26	晚芦栗
ID4	果子糯	ID27	晚八果
ID5	水晶白稻	ID28	恶不死糯稻
ID6	无芒早稻	ID29	老叠谷
ID7	三百粒头	ID30	野凤凰
ID8	粗营晚洋稻	ID31	陈家种
ID9	洋铃稻	ID32	早黑头红 1
ID10	晚野稻	ID33	罗汉黄
ID11	敲冰黄	ID34	龙沟种
ID12	铁粳青	ID35	石芦青
ID13	小白野稻	ID36	立更青
ID14	抱芯太湖青	ID37	早黑头红 2
ID15	江丰 4 号	ID38	老来红
ID16	苏粳 4 号	ID39	二粒瘪
ID17	老头大稻	ID40	金谷黄
ID18	薄稻	ID41	粗杆黄稻
ID19	晚木榫球	ID42	早十日黄稻
ID20	荒三石	ID43	盛塘青 1
ID21	二黑稻	ID44	小慢稻
ID22	小青种	ID45	盛塘青 2
ID23	早光头	ID46	晚慢稻

续表

编号	材料名称	编号	材料名称
ID47	南头种	ID71	H37（6427）
ID48	打鸟稻	ID72	粳糯（紫尖）
ID49	孔雀青	ID73	南农粳 62401
ID50	开青	ID74	通粳 109
ID51	慢野稻	ID75	扬稻 6 号
ID52	白壳糯	ID76	宁粳 1 号
ID53	白芒糯	ID77	武粳 15
ID54	香珠糯	ID78	武香粳 14
ID55	鸭血糯	ID79	徐稻 3 号
ID56	籼恢 429	ID80	南农粳 003
ID57	紫尖籼 3	ID81	南农粳 005
ID58	荒三担糯稻	ID82	5 粳 20
ID59	嘉 159	ID83	5 粳 15
ID60	泗稻 10 号	ID84	秣陵粳
ID61	武羌	ID85	5 粳 03
ID62	武育粳 3 号	ID86	5 粳 68
ID63	秀水 04	ID87	徐稻 4 号
ID64	镇稻 88	ID88	徐稻 5 号
ID65	镇稻 6 号	ID89	淮稻 9 号
ID66	台粳 9 号选	ID90	盐稻 6 号
ID67	台粳 16 选低 AC	ID91	阳光 200
ID68	台粳 16 选	ID92	连粳 2 号
ID69	滇屯 502 选早	ID93	秀水 79
ID70	H35（6435）	ID94	C 堡

附录二　自然群体 **94** 个品种的 **SSR** 标记谱带

（1）

单位:bp

材料编号	RM84	RM259	RM579	RM490	RM8095	RM562	RM297	RM486	RM265	RM14	RM7288	RM5356
ID1	109	173	195	114	219	250	185	107	110	249	213	157
ID2	112	159	224	100	219	236	182	110	105	263	206	146
ID3	109	173	193	103	219	220	182	107	110	249	213	157
ID4	112	173	193	114	219	220	185	107	110	253	213	157
ID5	109	173	195	114	219	220	185	110	105	253	213	157
ID6	115	178	198	105	219	220	156	102	105	249	213	157
ID7	112	173	192	114	219	220	185	107	110	253	213	157
ID8	112	173	195	114	219	220	182	107	105	253	213	157
ID9	115	173	194	114	219	250	185	107	110	253	213	157

续表

材料编号	RM84	RM259	RM579	RM490	RM8095	RM562	RM297	RM486	RM265	RM14	RM7288	RM5356
ID10	112	173	195	114	219	220	182	107	105	253	213	157
ID11	112	178	205	114	219	220	182	107	110	258	213	157
ID12	112	178	206	114	219	220	185	107	110	258	213	157
ID13	112	187	197	103	219	220	182	107	110	263	213	157
ID14	119	164	244	109	219	220	159	107	105	275	213	146
ID15	119	178	198	103	219	250	159	102	110	258	213	157
ID16	112	178	202	103	219	220	185	102	105	258	213	157
ID17	119	179	206	103	219	220	182	107	110	263	213	157
ID18	119	164	209	114	219	220	185	107	110	263	213	157
ID19	119	179	214	103	219	220	182	107	110	258	213	157
ID20	119	179	201	103	219	220	182	107	110	261	213	157
ID21	115	178	201	114	219	265	185	107	110	261	213	157
ID22	115	178	207	114	219	265	182	107	110	263	213	157

续表

材料编号	RM84	RM259	RM579	RM490	RM8095	RM562	RM297	RM486	RM265	RM14	RM7288	RM5356
ID23	115	178	209	114	219	265	185	107	110	263	213	157
ID24	119	178	211	114	219	220	182	107	110	258	213	157
ID25	115	179	211	103	219	250	182	107	105	258	213	157
ID26	115	179	211	103	219	265	185	107	110	258	213	157
ID27	115	179	202	114	219	220	185	107	110	249	213	157
ID28	119	178	201	103	219	250	185	107	110	256	213	157
ID29	115	178	211	103	219	250	182	107	110	253	213	157
ID30	119	178	211	114	219	265	185	107	110	256	213	157
ID31	112	178	202	103	219	220	185	107	105	249	213	157
ID32	115	179	207	114	217	250	182	107	105	253	213	157
ID33	112	179	204	114	219	265	185	107	110	253	213	157
ID34	115	179	—	114	217	220	185	107	110	256	213	157
ID35	112	178	204	114	219	220	185	107	105	253	213	157

续表

材料编号	RM84	RM259	RM579	RM490	RM8095	RM562	RM297	RM486	RM265	RM14	RM7288	RM5356
ID36	112	178	202	114	219	250	182	107	105	253	213	157
ID37	115	178	193	103	219	250	182	107	110	253	213	157
ID38	115	173	202	103	217	220	182	107	110	253	213	157
ID39	112	179	199	103	217	250	185	107	110	253	213	157
ID40	115	179	195	114	219	220	182	107	110	253	213	157
ID41	112	173	199	114	219	220	176	107	110	249	213	157
ID42	112	173	199	114	219	220	182	107	110	249	213	157
ID43	109	173	196	114	219	220	182	107	110	249	213	157
ID44	109	173	184	114	219	220	185	107	110	249	213	157
ID45	109	173	184	100	219	220	182	107	110	249	213	157
ID46	108	173	195	114	219	250	176	107	110	253	213	157
ID47	108	173	198	114	217	250	176	107	110	249	213	157
ID48	112	173	202	114	219	250	176	102	110	249	213	157

续表

材料编号	RM84	RM259	RM579	RM490	RM8095	RM562	RM297	RM486	RM265	RM14	RM7288	RM5356
ID49	112	175	198	114	219	220	176	102	110	249	213	157
ID50	115	173	198	114	219	220	169	109	111	249	213	157
ID51	112	175	198	114	219	220	183	102	110	249	213	157
ID52	115	175	198	100	219	250	—	107	111	282	213	152
ID53	112	175	198	105	219	220	—	102	113	249	213	157
ID54	115	173	191	105	219	220	183	107	109	249	213	157
ID55	115	173	197	113	219	250	185	107	109	249	213	157
ID56	115	157	202	103	219	250	168	111	113	249	213	152
ID57	115	157	231	105	219	250	168	111	109	282	213	152
ID58	115	157	182	105	219	220	168	109	115	258	213	152
ID59	115	173	197	114	217	250	182	109	115	249	213	157
ID60	115	157	195	103	219	250	193	107	115	249	213	152
ID61	115	157	203	103	219	220	—	107	115	249	213	152

续表

材料编号	RM84	RM259	RM579	RM490	RM8095	RM562	RM297	RM486	RM265	RM14	RM7288	RM5356
ID62	115	157	194	115	217	250	—	111	115	249	213	152
ID63	115	173	198	105	217	250	197	109	110	249	213	152
ID64	115	173	200	103	219	250	—	109	110	258	213	152
ID65	115	173	200	105	219	250	195	109	115	256	213	152
ID66	115	173	200	105	219	250	195	112	115	261	213	157
ID67	115	175	200	105	219	250	195	112	115	261	213	157
ID68	112	173	195	105	219	250	195	112	115	254	213	157
ID69	119	175	195	103	219	220	174	117	113	289	213	152
ID70	119	175	200	110	219	250	192	111	115	256	213	157
ID71	119	173	200	110	219	250	196	111	115	256	213	157
ID72	115	173	203	103	219	250	200	111	115	256	213	157
ID73	115	157	198	103	219	250	174	117	114	289	213	152
ID74	115	175	206	103	219	250	—	111	111	249	213	157

续表

材料编号	RM84	RM259	RM579	RM490	RM8095	RM562	RM297	RM486	RM265	RM14	RM7288	RM5356
ID75	116	157	233	100	219	250	169	122	115	289	213	152
ID76	115	175	208	103	219	250	200	112	116	253	213	157
ID77	115	175	200	110	219	250	202	112	116	253	213	157
ID78	115	175	208	119	219	258	199	111	116	253	213	157
ID79	115	175	202	119	219	258	200	111	111	258	213	165
ID80	115	175	206	112	219	258	200	112	115	253	213	157
ID81	115	157	203	112	219	258	196	111	113	249	213	157
ID82	115	175	220	112	219	258	—	111	108	253	213	157
ID83	115	173	203	112	219	258	196	111	113	249	213	152
ID84	115	175	208	110	219	258	199	111	113	253	213	157
ID85	115	175	208	103	217	250	196	111	113	256	213	165
ID86	115	173	203	112	219	250	199	112	113	253	213	157
ID87	115	175	203	112	219	250	—	107	108	253	213	165

续表

材料编号	RM84	RM259	RM579	RM490	RM8095	RM562	RM297	RM486	RM265	RM14	RM7288	RM5356
ID88	115	175	200	112	219	250	199	107	108	256	213	157
ID89	115	173	200	114	219	250	195	112	110	253	213	157
ID90	115	173	198	112	219	250	197	111	110	253	213	165
ID91	115	173	200	114	217	250	199	112	110	253	213	165
ID92	115	173	200	112	219	250	197	111	107	258	213	157
ID93	115	173	200	114	219	220	—	111	107	253	213	157
ID94	115	175	205	112	219	250	—	112	110	256	213	157

（2）

单位：bp

材料编号	RM1313	RM262	RM5804	RM106	RM6361	RM573	RM450	RM112	RM525	RM498	RM48	RM535
ID1	102	141	157	291	193	204	145	132	133	332	221	150
ID2	81	152	157	291	193	218	141	132	113	262	225	170
ID3	107	141	163	291	193	204	145	132	133	332	225	150
ID4	102	141	157	291	193	204	145	132	133	332	225	150
ID5	107	141	161	291	193	204	145	132	133	332	225	150
ID6	96	141	157	291	199	204	138	132	143	288	225	150
ID7	102	141	157	291	193	204	141	132	133	332	225	150
ID8	102	141	157	291	193	204	141	132	133	332	225	150
ID9	102	141	157	291	193	204	141	132	133	332	225	150
ID10	102	141	161	291	193	204	141	132	139	332	225	150
ID11	102	141	157	291	193	204	141	132	133	332	225	150
ID12	102	141	157	291	193	204	141	132	133	332	225	150

续表

材料编号	RM1313	RM262	RM5804	RM106	RM6361	RM573	RM450	RM112	RM525	RM498	RM48	RM535
ID13	102	141	161	296	193	204	141	127	139	332	225	150
ID14	81	152	157	291	193	218	141	132	113	262	225	170
ID15	96	141	161	291	193	204	141	132	139	332	240	150
ID16	96	141	157	291	193	204	141	132	139	332	240	150
ID17	102	141	157	291	193	204	141	132	139	332	225	150
ID18	107	141	157	291	193	204	145	132	139	332	225	150
ID19	107	141	157	291	193	204	141	132	133	332	225	150
ID20	102	141	157	291	193	204	141	132	139	332	225	150
ID21	102	141	157	291	193	204	145	132	139	332	225	150
ID22	102	141	161	291	193	204	141	132	133	332	225	150
ID23	107	141	161	296	193	204	141	132	133	332	225	150
ID24	102	141	157	296	193	204	145	132	139	332	225	150
ID25	102	141	157	291	193	204	141	132	139	332	225	150

续表

材料编号	RM1313	RM262	RM5804	RM106	RM6361	RM573	RM450	RM112	RM525	RM498	RM48	RM535
ID26	102	141	157	291	193	204	145	132	133	332	225	150
ID27	102	141	161	296	193	204	145	132	139	332	225	150
ID28	107	141	157	291	193	204	145	132	139	332	225	150
ID29	107	141	157	291	193	204	145	132	139	332	225	150
ID30	102	141	157	291	193	204	145	132	139	332	221	150
ID31	102	141	161	291	193	204	145	132	139	332	225	150
ID32	102	141	157	296	193	204	145	132	139	332	225	150
ID33	102	141	157	291	193	204	145	132	139	332	225	150
ID34	102	141	157	291	193	204	145	132	139	332	225	150
ID35	107	141	157	291	193	204	145	132	139	332	225	150
ID36	102	141	157	291	193	204	145	132	133	332	225	150
ID37	107	141	157	296	193	204	141	132	139	332	225	150
ID38	107	141	157	291	193	204	145	132	139	332	225	150

续表

材料编号	RM1313	RM262	RM5804	RM106	RM6361	RM573	RM450	RM112	RM525	RM498	RM48	RM535
ID39	102	141	161	296	193	204	145	132	133	332	225	150
ID40	102	141	157	291	193	204	145	132	139	332	225	150
ID41	107	141	157	291	193	204	145	132	139	332	225	150
ID42	102	141	157	291	193	204	145	132	139	332	225	150
ID43	102	141	157	296	193	204	145	132	139	332	225	150
ID44	102	141	157	291	193	204	141	132	139	332	225	150
ID45	102	141	157	291	193	204	141	132	133	332	225	150
ID46	102	141	157	291	193	204	138	132	133	332	225	150
ID47	102	141	163	296	193	204	138	132	139	332	225	150
ID48	102	141	157	291	193	204	141	132	133	332	221	150
ID49	102	141	157	291	193	204	141	132	133	332	221	150
ID50	102	152	157	291	193	204	141	132	133	332	221	150
ID51	102	152	157	291	193	204	141	132	133	332	221	150

续表

材料编号	RM1313	RM262	RM5804	RM106	RM6361	RM573	RM450	RM112	RM525	RM498	RM48	RM535
ID52	81	152	157	291	193	218	141	132	113	262	225	170
ID53	102	152	157	291	193	204	141	127	133	332	221	150
ID54	102	152	157	291	193	204	141	132	133	332	221	150
ID55	102	152	157	291	193	218	138	132	133	332	225	150
ID56	83	152	157	291	193	204	136	132	133	332	225	170
ID57	83	152	161	296	193	204	141	127	113	262	221	170
ID58	88	152	157	291	193	218	136	127	113	262	221	170
ID59	105	152	157	296	193	204	136	127	139	332	221	170
ID60	102	152	163	291	193	204	136	132	139	332	221	150
ID61	102	152	157	296	193	204	136	132	139	332	240	150
ID62	105	152	161	291	193	204	136	132	139	332	221	170
ID63	105	152	161	291	193	204	136	132	139	332	221	150
ID64	102	152	161	291	193	204	138	132	139	332	221	150

续表

材料编号	RM1313	RM262	RM5804	RM106	RM6361	RM573	RM450	RM112	RM525	RM498	RM48	RM535
ID65	105	152	161	291	193	204	136	132	139	332	221	150
ID66	105	152	161	291	193	204	136	132	139	332	240	150
ID67	105	152	161	291	193	204	136	132	139	332	221	150
ID68	102	152	161	291	193	204	136	132	139	332	221	150
ID69	81	162	161	291	193	218	136	132	113	262	240	170
ID70	102	152	163	291	193	204	136	127	139	332	221	150
ID71	102	152	163	291	199	204	136	132	139	332	221	150
ID72	102	152	161	291	193	204	136	132	143	332	240	150
ID73	81	152	161	291	193	218	136	132	113	262	225	170
ID74	102	152	163	291	193	204	136	127	139	332	221	150
ID75	83	152	157	291	193	218	136	132	113	262	225	150
ID76	102	152	161	291	193	204	133	127	139	332	221	150
ID77	105	152	161	291	193	204	133	132	139	332	221	170

续表

材料编号	RM1313	RM262	RM5804	RM106	RM6361	RM573	RM450	RM112	RM525	RM498	RM48	RM535
ID78	105	152	157	291	193	204	136	132	143	332	221	170
ID79	102	152	157	291	193	204	133	132	139	332	221	150
ID80	102	152	161	291	193	204	133	132	139	332	221	150
ID81	102	152	161	291	193	204	133	132	139	332	221	150
ID82	102	152	161	291	193	204	133	132	139	332	221	170
ID83	105	152	161	291	193	204	133	132	143	332	221	170
ID84	105	152	161	291	193	204	133	132	143	332	225	170
ID85	102	152	157	291	193	204	136	132	143	332	221	170
ID86	102	152	157	291	193	204	136	132	143	332	221	150
ID87	102	152	157	291	193	204	133	132	143	332	221	150
ID88	102	152	157	291	193	204	133	132	139	332	221	150
ID89	102	152	157	291	193	204	133	132	139	332	221	150
ID90	102	152	157	291	193	204	133	132	143	262	240	150

续表

材料编号	RM1313	RM262	RM5804	RM106	RM6361	RM573	RM450	RM112	RM525	RM498	RM48	RM535
ID91	102	152	157	291	193	204	133	132	143	332	240	150
ID92	102	152	157	291	193	204	133	132	139	332	221	150
ID93	102	162	157	291	193	204	133	132	143	332	221	150
ID94	105	152	157	291	193	204	133	132	139	332	240	150

单位:bp

（3）

材料编号	RM5480	RM7	RM5639	RM218	RM7403	RM6266	RM168	RM293	RM6314	RM142	RM317	RM349
ID1	192	173	124	138	280	156	96	198	181	231	157	155
ID2	192	173	126	138	280	141	96	202	181	233	167	131
ID3	180	173	126	138	280	156	96	198	181	238	157	138
ID4	192	173	124	138	280	156	90	198	181	238	157	142
ID5	192	173	124	138	280	156	90	198	181	238	157	138
ID6	192	173	117	138	280	156	96	198	188	238	157	142
ID7	192	173	124	130	280	156	96	198	181	238	139	147
ID8	192	173	114	138	280	156	96	200	181	238	139	147
ID9	192	173	124	117	280	156	96	200	181	246	157	147
ID10	192	173	126	138	280	156	96	200	181	246	142	151
ID11	192	173	126	138	280	156	96	200	181	246	157	151
ID12	192	173	126	138	280	156	96	200	181	246	157	151

续表

材料编号	RM5480	RM7	RM5639	RM218	RM7403	RM6266	RM168	RM293	RM6314	RM142	RM317	RM349
ID13	192	173	126	138	280	156	96	202	181	246	157	142
ID14	192	173	126	138	280	141	96	202	181	246	159	147
ID15	192	173	128	145	280	156	96	204	181	246	157	147
ID16	180	173	128	138	280	156	96	204	181	246	157	134
ID17	192	173	128	138	280	156	96	202	181	231	157	142
ID18	192	173	128	138	280	156	96	200	181	231	157	142
ID19	192	173	128	138	280	156	96	202	181	233	157	142
ID20	192	173	128	138	280	156	96	202	181	234	157	142
ID21	192	173	128	138	280	156	96	200	181	238	157	152
ID22	192	173	128	145	280	156	96	200	181	238	157	152
ID23	192	173	131	138	280	156	96	204	181	246	157	152
ID24	192	173	131	138	280	156	96	200	181	246	157	152
ID25	192	173	131	138	280	156	96	200	181	238	157	152

续表

材料编号	RM5480	RM7	RM5639	RM218	RM7403	RM6266	RM168	RM293	RM6314	RM142	RM317	RM5349
ID26	192	173	131	138	280	156	96	198	181	246	159	155
ID27	192	173	131	138	280	156	96	198	181	246	157	155
ID28	192	173	117	130	280	156	96	199	181	246	159	147
ID29	192	173	128	138	280	156	96	198	181	246	159	155
ID30	192	173	128	138	280	156	96	198	181	246	157	155
ID31	192	173	128	138	280	156	96	198	181	246	157	155
ID32	192	173	128	138	280	156	96	198	181	238	157	152
ID33	192	173	128	138	280	156	96	193	181	238	157	155
ID34	192	173	128	138	280	156	96	193	181	238	157	155
ID35	192	173	128	138	280	156	96	193	181	234	157	155
ID36	192	173	128	138	280	156	96	193	181	234	157	155
ID37	192	173	128	126	280	156	96	193	181	234	157	147
ID38	192	173	128	138	280	156	96	193	181	234	157	152

续表

材料编号	RM5480	RM7	RM5639	RM218	RM7403	RM6266	RM168	RM293	RM6314	RM142	RM317	RM349
ID39	192	173	114	138	280	156	96	193	181	234	157	152
ID40	192	173	126	138	280	156	96	193	246	234	157	152
ID41	192	173	126	138	280	156	96	193	181	234	157	159
ID42	192	173	126	138	280	156	96	193	181	238	157	159
ID43	192	173	126	138	280	156	96	193	181	234	157	159
ID44	192	173	126	138	280	156	96	193	181	234	157	159
ID45	192	173	126	138	280	156	96	193	181	234	157	138
ID46	192	173	126	138	280	156	96	193	181	234	157	159
ID47	192	173	128	138	280	156	96	198	181	234	157	159
ID48	192	173	126	138	280	156	90	198	181	234	157	147
ID49	192	173	126	145	280	156	90	198	181	234	157	142
ID50	192	173	126	145	280	156	90	198	181	234	142	131
ID51	192	182	126	140	280	156	90	198	181	234	157	134

续表

材料编号	RM5480	RM7	RM5639	RM218	RM7403	RM6266	RM168	RM293	RM6314	RM142	RM317	RM349
ID52	192	173	128	136	280	141	90	202	174	231	164	134
ID53	192	173	126	140	228	156	90	196	181	234	157	—
ID54	192	173	126	140	280	156	96	198	181	234	157	147
ID55	192	173	126	140	280	156	96	200	181	234	157	147
ID56	192	182	126	140	280	141	96	202	181	234	157	—
ID57	192	182	126	140	280	141	110	200	181	234	167	131
ID58	180	173	126	140	280	156	96	202	181	234	157	134
ID59	192	173	126	140	280	156	93	200	181	234	157	131
ID60	192	173	126	140	280	156	96	202	181	234	157	147
ID61	192	173	111	120	280	156	96	202	181	234	157	134
ID62	192	173	126	140	280	156	96	200	181	234	157	131
ID63	192	173	126	140	280	156	96	204	181	234	157	151
ID64	192	173	126	140	280	156	96	202	181	234	157	147

续表

材料编号	RM5480	RM7	RM5639	RM218	RM7403	RM6266	RM168	RM293	RM6314	RM142	RM317	RM349
ID65	192	173	126	140	280	156	96	204	181	234	157	151
ID66	192	173	126	126	280	156	96	204	181	234	157	147
ID67	192	173	126	126	280	156	96	204	181	234	157	146
ID68	192	182	128	126	280	156	96	200	181	234	157	146
ID69	180	173	126	136	280	141	96	202	181	234	164	130
ID70	192	173	124	150	280	156	96	202	181	234	157	147
ID71	192	173	124	150	280	156	96	204	181	234	157	147
ID72	192	182	111	122	280	156	96	200	181	231	157	147
ID73	192	173	126	150	280	141	102	208	181	234	159	131
ID74	192	173	124	145	228	156	93	206	181	234	157	147
ID75	180	173	124	147	280	141	110	206	181	231	157	134
ID76	192	173	114	150	280	156	93	206	181	234	164	147
ID77	192	177	114	140	280	156	93	208	181	234	157	147

续表

材料编号	RM5480	RM7	RM5639	RM218	RM7403	RM6266	RM168	RM293	RM6314	RM142	RM317	RM349
ID78	192	173	114	140	280	156	93	212	181	234	157	130
ID79	192	173	114	140	280	156	93	208	181	234	157	147
ID80	192	177	114	150	280	156	93	208	181	234	157	142
ID81	192	173	114	140	280	156	93	206	181	234	157	142
ID82	192	173	111	140	280	156	93	206	181	234	157	147
ID83	192	173	114	140	280	156	93	208	181	234	157	142
ID84	192	173	111	122	280	156	93	206	181	234	157	147
ID85	192	177	114	140	280	156	93	206	181	234	157	142
ID86	192	173	111	122	280	156	93	206	181	234	157	131
ID87	192	173	114	140	280	156	93	206	238	234	157	147
ID88	192	173	114	140	280	156	93	208	181	234	157	147
ID89	180	177	114	140	280	156	90	206	181	234	157	147
ID90	192	173	114	150	280	156	107	204	181	234	157	142

续表

材料编号	RM5480	RM7	RM5639	RM218	RM7403	RM6266	RM168	RM293	RM6314	RM142	RM317	RM349
ID91	192	173	114	140	280	156	90	202	181	234	157	147
ID92	192	173	114	145	280	156	90	202	181	234	157	142
ID93	192	173	114	145	280	156	90	202	181	234	157	147
ID94	192	173	111	126	280	156	90	202	181	234	157	142

单位:bp

（4）

材料编号	RM307	RM159	RM267	RM405	RM574	RM6082	RM305	RM480	RM508	RM510	RM225	RM50
ID1	127	242	146	117	162	149	217	220	230	122	139	180
ID2	123	242	160	98	162	132	213	199	217	114	141	180
ID3	127	242	146	109	162	149	217	220	230	122	131	180
ID4	127	242	146	117	162	149	217	220	230	124	133	184
ID5	127	242	146	112	159	149	217	220	230	127	133	184
ID6	127	258	146	109	159	149	217	199	230	127	—	180
ID7	127	258	146	117	156	149	217	220	230	127	—	188
ID8	127	242	146	117	162	149	217	214	230	124	135	188
ID9	127	242	146	117	162	149	217	223	230	127	135	188
ID10	127	242	146	119	159	149	217	220	230	124	135	188
ID11	127	242	146	121	162	149	217	220	230	127	135	188
ID12	127	242	146	121	162	149	217	220	230	127	137	190

续表

材料编号	RM307	RM159	RM267	RM405	RM574	RM6082	RM305	RM480	RM508	RM510	RM225	RM50
ID13	127	242	146	119	156	149	217	227	230	127	137	190
ID14	127	242	160	98	156	135	213	202	230	114	147	195
ID15	127	258	146	107	159	149	217	234	230	127	139	180
ID16	127	242	146	114	156	149	217	234	230	127	—	184
ID17	127	242	146	118	156	149	217	234	230	127	147	190
ID18	127	242	146	121	156	149	217	227	230	122	139	184
ID19	127	242	146	119	156	149	217	234	230	124	141	184
ID20	127	242	146	120	156	149	217	234	230	127	149	184
ID21	127	242	146	119	159	149	217	234	230	127	149	190
ID22	127	258	146	121	159	149	217	234	230	122	—	190
ID23	127	242	146	119	159	149	217	234	230	127	139	190
ID24	127	242	146	119	159	149	217	236	230	129	144	190
ID25	127	258	146	119	156	149	217	234	230	122	145	184

续表

材料编号	RM307	RM159	RM267	RM405	RM574	RM6082	RM305	RM480	RM508	RM510	RM225	RM50
ID26	127	242	146	112	162	151	217	236	230	129	147	180
ID27	127	242	146	112	156	149	217	234	230	122	137	190
ID28	127	242	146	117	159	149	217	234	230	122	147	190
ID29	127	242	146	117	156	149	217	236	230	122	—	184
ID30	127	242	146	117	159	149	217	236	230	124	—	190
ID31	127	258	146	117	156	149	217	236	230	122	149	190
ID32	127	242	146	117	156	149	217	236	230	124	147	180
ID33	127	242	146	112	156	149	217	225	230	122	147	188
ID34	127	242	146	115	156	149	217	238	230	124	137	184
ID35	127	242	146	115	156	149	217	236	230	122	147	188
ID36	127	242	146	114	156	149	217	236	230	124	137	188
ID37	127	242	146	114	162	149	217	236	230	122	137	180
ID38	127	258	146	114	156	149	217	238	230	120	147	180

续表

材料编号	RM307	RM159	RM267	RM405	RM574	RM6082	RM305	RM480	RM508	RM510	RM225	RM50
ID39	127	258	146	109	159	149	217	238	230	122	137	180
ID40	127	258	146	114	159	149	217	238	230	120	—	180
ID41	127	242	146	114	156	149	217	236	230	114	—	180
ID42	127	258	146	114	156	149	217	238	230	122	—	180
ID43	127	242	146	117	156	149	217	236	230	114	—	180
ID44	127	242	146	119	156	149	217	236	230	114	147	180
ID45	127	242	146	119	156	149	217	238	230	120	—	180
ID46	127	242	146	117	156	149	217	238	230	114	141	180
ID47	127	242	146	109	156	149	217	238	230	114	—	180
ID48	127	242	146	112	156	149	217	220	230	122	137	180
ID49	127	242	146	114	159	149	217	223	230	122	—	180
ID50	127	258	146	114	156	149	217	220	230	124	—	180
ID51	127	242	146	117	156	149	217	223	230	124	—	180

续表

材料编号	RM307	RM159	RM267	RM405	RM574	RM6082	RM305	RM480	RM508	RM510	RM225	RM50
ID52	127	242	160	98	159	149	213	204	230	124	—	195
ID53	127	242	146	104	159	149	217	223	230	124	—	180
ID54	127	242	146	117	156	149	217	220	230	124	—	180
ID55	127	242	146	117	162	149	217	223	230	124	—	184
ID56	127	242	146	117	162	149	217	199	230	114	—	184
ID57	127	242	160	98	162	149	217	199	230	114	125	180
ID58	127	258	160	98	162	149	217	204	230	114	133	195
ID59	127	242	146	109	162	149	217	223	230	127	141	180
ID60	127	258	146	112	159	149	217	234	230	127	137	180
ID61	127	258	146	112	159	149	217	234	230	127	139	180
ID62	127	242	146	112	162	149	217	223	230	127	139	180
ID63	127	242	146	112	162	149	217	223	230	127	139	180
ID64	127	258	146	112	162	149	217	223	230	127	—	180

续表

材料编号	RM307	RM159	RM267	RM405	RM574	RM6082	RM305	RM480	RM508	RM510	RM225	RM50
ID65	127	258	146	112	162	149	217	234	230	129	—	180
ID66	127	258	146	109	162	149	217	234	230	129	141	180
ID67	127	258	146	109	162	149	217	234	230	129	141	180
ID68	127	258	146	109	162	149	217	234	230	129	152	180
ID69	127	258	160	104	162	149	213	204	230	120	149	195
ID70	127	258	146	116	162	149	217	220	217	132	147	180
ID71	127	258	146	117	162	149	217	220	230	132	—	180
ID72	127	258	146	117	162	149	217	234	230	129	147	180
ID73	127	242	160	104	162	149	217	204	230	120	135	195
ID74	161	242	146	110	162	149	217	227	217	132	141	180
ID75	127	242	160	104	162	149	217	204	230	120	137	195
ID76	161	242	146	119	162	149	217	234	217	132	133	180
ID77	127	242	146	119	162	149	217	220	230	132	133	184

续表

材料编号	RM307	RM159	RM267	RM405	RM574	RM6082	RM305	RM480	RM508	RM510	RM225	RM50
ID78	127	242	146	119	162	149	217	220	230	132	133	184
ID79	127	258	146	119	162	149	217	220	230	132	133	184
ID80	127	258	146	119	162	149	217	220	230	132	133	180
ID81	127	258	146	117	162	149	217	220	230	132	141	180
ID82	127	258	146	117	162	149	217	220	230	132	141	184
ID83	127	258	146	117	162	149	217	220	230	132	—	184
ID84	127	258	146	117	162	149	217	220	230	132	—	184
ID85	127	258	146	117	162	149	217	220	230	132	—	184
ID86	127	258	146	114	162	149	217	223	230	132	—	180
ID87	127	258	146	114	159	149	217	232	230	132	125	180
ID88	127	258	146	114	159	149	217	232	230	132	125	184
ID89	127	258	146	114	162	149	217	237	230	132	125	180
ID90	127	242	146	114	162	149	217	232	230	132	—	180

续表

材料编号	RM307	RM159	RM267	RM405	RM574	RM6082	RM305	RM480	RM508	RM510	RM225	RM50
ID91	127	242	146	114	162	149	217	232	230	132	125	180
ID92	127	258	146	112	159	149	217	232	230	132	125	180
ID93	127	258	146	114	162	149	217	232	230	132	—	180
ID94	127	258	146	109	159	149	213	223	230	132	133	180

（5）

单位：bp

材料编号	RM136	RM162	RM82	RM125	RM180	RM542	RM8263	RM418	RM346	RM336	RM234	RM152
ID1	188	243	114	119	109	112	199	309	141	165	132	149
ID2	182	212	114	119	113	95	190	353	156	157	152	149
ID3	188	243	114	116	109	136	194	295	139	183	130	149
ID4	185	243	114	116	109	112	194	293	141	157	130	149
ID5	185	230	114	116	109	110	194	282	141	168	132	149
ID6	185	248	114	116	109	104	190	295	141	157	130	149
ID7	185	230	114	116	109	112	194	295	144	157	130	149
ID8	188	246	114	116	109	112	194	307	144	161	130	149
ID9	185	230	114	116	109	117	194	293	144	158	130	149
ID10	185	248	114	116	109	117	194	291	144	165	130	149
ID11	185	248	114	116	109	117	194	309	144	168	130	149
ID12	188	243	114	116	109	117	194	309	150	168	130	149

续表

材料编号	RM136	RM162	RM82	RM125	RM180	RM542	RM8263	RM418	RM346	RM336	RM234	RM152
ID13	188	230	114	116	109	112	194	334	144	168	130	149
ID14	182	212	106	119	113	95	190	298	160	161	147	149
ID15	185	226	114	116	109	110	194	265	144	145	130	149
ID16	185	230	114	116	109	110	194	305	150	161	130	154
ID17	185	226	114	116	109	115	194	293	144	176	130	154
ID18	185	230	114	116	109	121	194	293	144	161	130	149
ID19	185	230	114	116	109	117	199	291	144	161	130	149
ID20	185	230	114	116	109	117	194	293	146	165	130	149
ID21	185	243	114	116	109	121	194	309	144	168	130	149
ID22	185	248	114	116	109	121	194	265	144	170	130	149
ID23	188	234	114	116	109	121	194	295	150	165	130	149
ID24	183	230	114	116	109	121	194	291	150	165	130	149
ID25	183	230	114	116	109	121	194	293	150	168	130	149

续表

材料编号	RM136	RM162	RM82	RM125	RM180	RM542	RM8263	RM418	RM346	RM336	RM234	RM152
ID26	183	243	114	116	109	121	194	309	144	165	130	149
ID27	183	230	114	116	109	121	196	309	150	157	130	149
ID28	188	243	114	116	109	117	194	291	150	165	130	149
ID29	183	248	114	116	109	139	196	265	144	161	130	149
ID30	183	230	114	116	109	117	194	291	150	161	130	149
ID31	183	243	114	116	109	117	194	265	150	165	130	149
ID32	183	248	114	116	109	117	196	298	150	168	130	149
ID33	183	230	114	116	109	121	194	309	150	161	130	149
ID34	188	248	114	116	109	117	196	298	150	165	130	149
ID35	183	232	114	116	109	117	194	293	144	161	130	149
ID36	183	234	114	116	109	117	199	307	144	168	130	149
ID37	183	248	114	116	109	112	199	307	150	161	130	149
ID38	188	234	114	116	109	112	196	291	150	157	130	149

续表

材料编号	RM136	RM162	RM82	RM125	RM180	RM542	RM8263	RM418	RM346	RM336	RM234	RM152
ID39	188	248	114	116	109	117	190	298	144	157	130	149
ID40	193	234	114	116	109	112	190	305	150	157	130	149
ID41	188	234	114	116	109	117	190	291	150	151	130	149
ID42	188	230	114	116	109	117	190	287	146	157	130	149
ID43	188	230	114	116	109	117	190	282	144	151	130	149
ID44	188	230	114	116	109	115	190	287	144	151	130	149
ID45	193	230	114	116	109	115	190	287	146	157	130	149
ID46	193	230	114	116	109	115	190	305	150	151	130	149
ID47	188	234	114	116	109	115	190	305	150	151	130	149
ID48	188	234	114	116	109	—	199	325	138	161	132	144
ID49	188	230	114	116	109	110	199	317	138	161	132	158
ID50	188	212	114	116	109	115	199	317	138	157	152	149
ID51	188	234	114	116	109	126	204	268	138	145	132	144

续表

材料编号	RM136	RM162	RM82	RM125	RM180	RM542	RM8263	RM418	RM346	RM336	RM234	RM152
ID52	188	212	114	119	113	115	194	330	156	157	132	158
ID53	188	212	114	116	113	115	—	337	141	165	147	158
ID54	188	230	114	116	113	110	207	319	141	165	125	149
ID55	188	230	114	116	113	115	204	325	144	157	132	149
ID56	188	230	114	116	113	95	—	—	141	145	132	158
ID57	188	212	114	116	113	95	199	342	160	157	132	165
ID58	193	212	114	119	116	115	204	334	141	155	152	165
ID59	188	212	114	116	116	115	208	287	141	155	132	158
ID60	188	234	109	116	116	115	208	319	144	161	132	149
ID61	193	234	109	116	116	110	208	—	150	157	126	158
ID62	188	248	114	116	116	110	208	298	144	155	132	158
ID63	193	248	114	116	113	110	208	298	144	155	132	158
ID64	193	230	114	116	113	110	210	319	150	170	132	158

续表

材料编号	RM136	RM162	RM82	RM125	RM180	RM542	RM8263	RM418	RM346	RM336	RM234	RM152
ID65	198	230	114	116	113	110	208	303	144	155	132	158
ID66	201	212	114	116	116	104	204	349	—	165	132	158
ID67	201	212	114	116	116	104	208	353	150	165	132	158
ID68	198	212	120	116	118	104	210	342	156	161	132	158
ID69	198	212	120	119	118	95	204	349	160	157	132	165
ID70	198	234	120	116	116	117	204	305	150	157	157	158
ID71	198	221	120	116	118	115	204	298	150	157	132	158
ID72	205	221	114	116	116	115	210	305	156	165	132	158
ID73	193	203	114	119	116	95	208	366	170	198	132	165
ID74	198	220	114	116	113	114	218	358	150	157	152	149
ID75	201	203	114	119	116	95	208	363	170	161	132	158
ID76	201	203	109	116	116	110	214	353	156	165	152	158
ID77	205	230	114	116	116	110	218	353	150	165	132	158

续表

材料编号	RM136	RM162	RM82	RM125	RM180	RM542	RM8263	RM418	RM346	RM336	RM234	RM152
ID78	193	230	114	116	116	110	220	353	150	157	132	158
ID79	198	214	114	116	113	110	220	325	150	174	132	158
ID80	201	230	114	116	118	110	214	346	150	170	132	158
ID81	201	230	120	116	116	110	214	346	150	165	132	158
ID82	198	230	114	116	113	115	210	298	144	157	132	158
ID83	205	214	109	116	116	115	220	344	144	157	132	158
ID84	210	230	114	116	113	115	220	—	144	165	132	158
ID85	210	230	109	116	116	115	214	349	144	165	132	158
ID86	210	214	120	116	116	115	214	346	144	161	132	158
ID87	205	214	114	116	113	110	214	315	141	170	132	158
ID88	201	214	114	116	113	110	210	315	141	170	132	158
ID89	198	214	114	116	113	110	208	—	141	155	132	158
ID90	201	214	109	116	113	110	199	334	141	157	132	149

续表

材料编号	RM136	RM162	RM82	RM125	RM180	RM542	RM8263	RM418	RM346	RM336	RM234	RM152
ID91	201	230	109	116	109	110	208	287	138	148	132	158
ID92	198	214	114	116	109	110	208	305	138	165	132	158
ID93	198	214	114	116	109	110	208	—	141	—	132	158
ID94	193	214	114	116	113	115	199	344	141	148	132	158

（6）

单位：bp

材料编号	RM1235	RM4085	RM331	RM72	RM6976	RM80	RM6948	RM281	RM264	RM8206	RM3912	RM566
ID1	120	131	165	182	287	—	101	154	187	267	203	252
ID2	124	128	180	168	240	215	105	132	192	267	187	258
ID3	120	131	165	168	287	135	101	154	187	277	198	252
ID4	120	131	165	168	287	147	101	154	192	267	198	252
ID5	120	143	165	204	287	147	101	154	192	277	198	252
ID6	105	136	165	168	287	147	101	154	187	277	187	252
ID7	120	143	165	202	287	122	101	151	192	277	198	252
ID8	120	131	165	180	287	122	101	151	192	291	187	252
ID9	120	136	165	180	287	147	101	151	192	308	201	252
ID10	120	136	165	180	287	122	101	151	192	291	201	252
ID11	120	140	165	180	287	147	101	151	192	308	187	252
ID12	120	140	165	180	287	147	101	154	192	296	187	252

续表

材料编号	RM1235	RM4085	RM331	RM72	RM6976	RM80	RM6948	RM281	RM264	RM8206	RM3912	RM566
ID13	120	146	165	180	287	147	101	154	192	308	206	252
ID14	120	150	184	166	240	215	105	132	192	308	194	258
ID15	108	150	165	192	287	126	101	154	192	308	187	252
ID16	108	150	165	192	287	122	101	154	192	308	187	252
ID17	120	150	165	200	287	126	101	154	192	300	206	252
ID18	120	140	165	178	287	126	101	154	192	296	206	252
ID19	120	150	165	178	287	192	101	154	192	—	206	222
ID20	120	150	165	202	287	126	101	154	192	296	206	252
ID21	120	140	165	180	287	126	101	154	192	289	206	252
ID22	120	140	165	184	287	126	101	154	192	300	206	252
ID23	120	140	165	170	287	152	101	154	192	308	187	252
ID24	120	140	165	170	287	160	101	154	187	289	206	252
ID25	120	143	165	180	287	158	101	154	187	300	198	252

续表

材料编号	RM1235	RM4085	RM331	RM72	RM6976	RM80	RM6948	RM281	RM264	RM8206	RM3912	RM566
ID26	120	140	165	180	287	126	101	154	192	289	206	252
ID27	120	140	165	168	287	126	101	154	192	289	206	252
ID28	120	146	165	177	287	147	101	154	192	300	198	252
ID29	120	143	165	184	287	126	101	154	192	289	206	252
ID30	120	140	169	180	287	168	101	154	192	289	194	252
ID31	120	143	165	177	287	152	101	154	192	296	206	252
ID32	120	140	169	177	287	126	101	154	187	283	206	252
ID33	120	140	165	177	287	126	101	154	192	283	206	252
ID34	120	146	165	196	287	126	101	154	187	283	206	252
ID35	120	136	165	177	287	126	101	154	187	296	206	252
ID36	120	136	165	177	287	126	101	154	192	296	206	252
ID37	120	136	165	177	287	116	101	151	192	296	187	252
ID38	120	131	165	192	287	152	101	154	187	308	187	252

续表

材料编号	RM1235	RM4085	RM331	RM72	RM6976	RM80	RM6948	RM281	RM264	RM8206	RM3912	RM566
ID39	120	136	165	170	287	122	101	151	192	300	206	252
ID40	120	131	165	162	287	—	101	154	192	308	206	252
ID41	120	131	169	174	287	103	101	151	192	289	206	252
ID42	120	131	165	174	287	122	101	154	192	300	206	252
ID43	120	131	165	172	287	122	101	154	192	283	206	252
ID44	120	131	165	170	287	122	101	154	192	283	206	252
ID45	120	140	165	188	287	122	101	154	192	296	206	252
ID46	120	131	165	—	287	122	101	154	192	296	187	252
ID47	120	131	165	170	287	122	101	132	192	289	198	252
ID48	120	131	165	182	287	122	101	151	187	283	187	252
ID49	120	131	165	182	287	147	101	154	187	263	198	252
ID50	120	131	165	170	240	135	105	132	187	267	198	252
ID51	120	131	165	170	287	135	101	151	187	263	181	252

续表

材料编号	RM1235	RM4085	RM331	RM72	RM6976	RM80	RM6948	RM281	RM264	RM8206	RM3912	RM566
ID52	124	128	184	174	240	135	116	151	187	277	187	275
ID53	120	131	165	170	287	135	101	151	187	263	198	252
ID54	120	131	169	179	287	147	101	151	187	273	198	252
ID55	120	136	169	168	287	142	101	154	187	277	198	252
ID56	124	131	191	172	240	215	101	151	187	277	198	252
ID57	124	128	191	172	240	—	101	154	187	273	190	275
ID58	124	131	191	164	240	215	116	154	187	277	190	252
ID59	113	143	178	184	287	215	105	151	187	289	206	252
ID60	124	143	174	188	287	119	101	151	187	277	198	252
ID61	124	136	174	204	287	119	101	151	187	277	190	252
ID62	113	143	178	187	287	119	101	151	187	277	206	252
ID63	113	136	178	188	287	126	101	151	187	263	206	252
ID64	113	143	174	188	287	126	101	151	187	277	206	252

续表

材料编号	RM1235	RM4085	RM331	RM72	RM6976	RM80	RM6948	RM281	RM264	RM8206	RM3912	RM566
ID65	113	146	174	200	287	122	101	151	187	277	206	252
ID66	113	143	174	200	287	135	101	151	187	267	206	252
ID67	113	143	174	200	287	131	101	151	187	267	206	252
ID68	113	143	174	206	287	131	101	151	187	273	206	252
ID69	129	146	169	204	240	215	116	151	187	273	206	275
ID70	113	146	178	200	287	122	101	151	187	273	206	252
ID71	113	146	178	202	287	122	101	151	192	273	206	252
ID72	113	140	178	206	287	122	101	151	187	279	198	252
ID73	129	131	196	183	287	215	116	151	187	277	194	285
ID74	113	146	178	204	287	122	101	151	187	279	206	252
ID75	125	131	196	177	240	220	105	151	187	277	194	285
ID76	113	146	174	208	287	122	101	151	187	269	198	252
ID77	126	146	174	206	287	126	101	151	187	263	206	252

续表

材料编号	RM1235	RM4085	RM331	RM72	RM6976	RM80	RM6948	RM281	RM264	RM8206	RM3912	RM566
ID78	113	140	174	200	287	126	101	151	187	267	206	252
ID79	113	146	174	190	287	126	101	151	192	283	206	252
ID80	129	146	174	206	287	119	101	151	187	273	206	252
ID81	124	146	174	190	287	122	101	154	192	285	206	252
ID82	113	146	174	204	287	126	101	154	192	267	206	252
ID83	129	146	174	202	287	126	101	154	187	267	206	252
ID84	124	146	174	202	287	119	101	151	187	269	206	252
ID85	113	146	178	202	287	126	101	151	187	269	206	252
ID86	113	146	174	202	287	—	116	151	187	289	194	252
ID87	113	146	169	202	287	122	101	151	192	283	206	252
ID88	113	146	169	192	287	122	101	151	192	283	206	252
ID89	124	146	169	188	287	122	101	151	187	269	194	252
ID90	113	140	169	206	287	119	101	151	192	269	194	252

续表

材料编号	RM1235	RM4085	RM331	RM72	RM6976	RM80	RM6948	RM281	RM264	RM8206	RM3912	RM566
ID91	129	146	169	200	287	122	116	151	187	269	206	252
ID92	113	146	169	188	287	119	101	151	187	277	206	252
ID93	129	143	169	190	287	116	101	151	187	—	206	252
ID94	113	146	191	177	287	116	116	154	187	—	206	252

（7）

単位:bp

材料编号	RM6570	RM257	RM201	RM5348	RM311	RM184	RM5629	RM6544	RM3133	RM287	RM457	RM21
ID1	123	149	150	273	174	210	125	178	101	107	270	—
ID2	126	142	154	273	187	201	111	171	113	107	280	132
ID3	123	149	150	273	174	210	125	178	101	109	270	135
ID4	119	149	150	268	174	210	125	178	101	102	270	135
ID5	119	160	150	268	174	210	125	178	101	104	270	135
ID6	123	—	150	253	174	201	125	178	101	104	270	135
ID7	119	160	150	268	174	210	125	178	101	102	270	135
ID8	123	—	150	268	174	210	125	178	101	102	270	142
ID9	119	160	150	273	174	210	125	178	101	104	270	135
ID10	119	—	150	273	174	210	125	178	101	104	270	135
ID11	123	165	150	268	174	210	125	178	101	104	270	140
ID12	123	165	150	268	174	210	125	178	101	104	270	140

续表

材料编号	RM6570	RM257	RM201	RM5348	RM311	RM184	RM5629	RM6544	RM3133	RM287	RM457	RM21
ID13	119	163	154	264	174	210	125	178	101	102	270	140
ID14	126	142	164	264	187	210	111	171	113	102	280	140
ID15	123	160	150	260	174	210	125	178	101	104	270	160
ID16	123	160	150	264	174	210	125	178	101	104	270	150
ID17	119	—	150	270	174	210	125	178	101	102	270	140
ID18	123	—	150	270	174	210	125	178	101	107	270	140
ID19	119	—	150	270	174	210	125	178	101	102	270	142
ID20	119	—	150	293	174	210	125	178	101	102	270	142
ID21	123	160	150	270	174	210	125	178	101	102	270	142
ID22	123	160	150	268	174	210	125	178	101	107	270	142
ID23	119	—	150	—	174	210	125	178	101	104	270	—
ID24	119	160	150	—	174	210	125	178	101	107	270	144
ID25	123	—	150	264	174	210	125	178	101	104	270	144

续表

材料编号	RM6570	RM257	RM201	RM5348	RM311	RM184	RM5629	RM6544	RM3133	RM287	RM457	RM21
ID26	123	171	150	268	174	210	125	178	101	107	270	144
ID27	123	161	150	264	174	210	125	178	101	107	270	140
ID28	123	—	150	264	174	210	125	178	101	107	270	—
ID29	123	160	150	264	174	210	125	178	101	104	270	142
ID30	119	160	150	264	176	210	125	178	101	102	270	140
ID31	123	—	150	273	174	210	125	178	101	109	270	150
ID32	123	—	150	264	176	210	125	178	101	104	270	140
ID33	123	160	150	264	174	210	125	178	101	107	270	142
ID34	119	160	150	260	174	210	125	178	101	107	270	142
ID35	119	—	150	264	174	210	125	178	101	107	270	142
ID36	119	165	150	264	174	210	125	178	101	102	270	145
ID37	119	160	150	260	174	210	125	178	101	107	270	—
ID38	119	165	150	273	174	210	125	178	101	107	270	142

续表

材料编号	RM6570	RM257	RM201	RM5348	RM311	RM184	RM5629	RM6544	RM3133	RM287	RM457	RM21
ID39	119	171	150	260	174	210	125	178	101	107	270	142
ID40	119	160	150	260	174	210	125	178	101	107	270	142
ID41	119	160	150	260	174	210	125	178	101	102	270	142
ID42	119	—	150	247	174	210	125	178	101	107	270	140
ID43	119	—	150	264	174	210	125	178	101	109	270	140
ID44	123	160	150	264	174	210	125	178	101	109	270	140
ID45	119	—	150	264	174	210	125	178	101	107	270	140
ID46	123	160	150	288	174	210	125	178	101	107	270	140
ID47	123	160	150	264	174	210	125	178	101	109	270	—
ID48	123	160	150	—	174	210	125	178	101	107	270	135
ID49	123	160	150	—	174	210	125	178	101	107	270	135
ID50	119	160	150	270	174	210	125	178	113	115	270	135
ID51	119	160	150	268	174	201	125	178	101	109	270	135

续表

材料编号	RM6570	RM257	RM201	RM5348	RM311	RM184	RM5629	RM6544	RM3133	RM287	RM457	RM21
ID52	119	142	150	253	174	201	111	171	113	102	270	160
ID53	119	160	150	250	174	210	125	178	101	107	270	135
ID54	119	160	150	—	174	210	125	178	101	104	270	135
ID55	119	160	150	264	170	210	125	178	101	104	270	135
ID56	119	149	150	288	174	210	125	178	101	117	270	135
ID57	123	149	164	247	187	201	111	178	101	112	280	155
ID58	119	149	164	247	187	210	111	178	113	120	280	—
ID59	119	149	150	253	176	210	125	178	101	104	280	—
ID60	119	163	150	—	174	210	125	178	101	107	270	147
ID61	123	160	150	240	174	210	125	178	101	109	270	142
ID62	119	—	150	237	176	210	125	178	101	107	270	140
ID63	119	—	150	240	176	210	125	178	101	109	270	140
ID64	119	—	150	240	174	210	125	178	101	109	270	140

续表

材料编号	RM6570	RM257	RM201	RM5348	RM311	RM184	RM5629	RM6544	RM3133	RM287	RM457	RM21
ID65	119	—	150	240	174	210	125	178	101	109	270	—
ID66	119	—	150	237	174	210	125	178	101	109	270	175
ID67	119	160	150	240	174	210	125	178	101	109	270	175
ID68	119	166	150	243	174	210	125	178	101	112	270	160
ID69	119	149	150	240	170	201	111	178	113	118	270	171
ID70	119	—	150	—	176	210	125	178	101	112	270	145
ID71	119	—	150	—	176	210	125	178	101	112	270	—
ID72	119	160	150	243	174	201	125	178	101	109	270	158
ID73	119	—	147	—	187	210	111	171	113	107	280	140
ID74	119	—	150	240	176	201	125	178	101	104	270	140
ID75	123	142	164	247	187	210	111	171	113	118	270	136
ID76	119	160	150	243	174	210	125	178	101	109	270	136
ID77	119	160	150	243	174	210	125	178	101	109	270	136

续表

材料编号	RM6570	RM257	RM201	RM5348	RM311	RM184	RM5629	RM6544	RM3133	RM287	RM457	RM21
ID78	119	160	150	243	174	210	125	178	101	109	270	140
ID79	119	160	150	240	174	210	125	178	101	109	270	140
ID80	119	160	150	240	174	201	125	178	101	109	270	140
ID81	119	160	150	247	174	210	125	178	101	109	270	158
ID82	119	160	150	240	174	210	125	178	101	109	270	145
ID83	119	160	150	250	174	210	111	178	101	109	270	150
ID84	119	160	150	250	174	210	125	178	101	107	270	140
ID85	123	160	150	—	176	210	125	178	101	109	270	140
ID86	119	160	150	240	174	210	125	178	101	107	270	150
ID87	119	160	150	240	174	210	125	178	113	109	270	142
ID88	119	160	150	237	174	210	125	178	101	109	270	140
ID89	119	160	150	234	174	210	125	178	101	109	270	140
ID90	123	160	150	247	174	210	125	178	101	109	270	158

续表

材料编号	RM6570	RM257	RM201	RM5348	RM311	RM184	RM5629	RM6544	RM3133	RM287	RM457	RM21
ID91	119	160	150	231	174	210	125	178	101	107	270	140
ID92	119	160	150	231	170	210	125	178	101	109	270	140
ID93	119	160	150	247	170	210	125	178	101	109	270	—
ID94	123	160	150	231	187	210	111	178	113	112	270	155

（8）

单位:bp

材料编号	RM206	RM7102	RM20	RM277	RM7120	RM463	RM5479
ID1	186	175	205	123	163	197	196
ID2	159	178	229	128	173	197	230
ID3	188	175	205	123	163	193	194
ID4	175	175	205	123	163	193	194
ID5	196	175	205	123	163	193	194
ID6	186	181	205	123	163	197	202
ID7	204	175	205	123	163	197	194
ID8	192	175	205	123	163	193	196
ID9	188	175	205	123	163	197	196
ID10	204	175	205	123	163	193	196
ID11	180	175	205	123	163	193	207
ID12	180	175	205	123	163	193	209
ID13	204	175	205	123	163	193	196
ID14	170	178	229	128	173	197	258
ID15	196	181	205	123	163	197	196
ID16	196	175	205	123	163	197	199
ID17	221	175	205	123	163	193	207
ID18	196	175	205	123	163	193	209
ID19	214	175	205	123	163	197	214
ID20	175	175	205	123	163	200	207

续表

材料编号	RM206	RM7102	RM20	RM277	RM7120	RM463	RM5479
ID21	196	181	205	123	163	197	207
ID22	170	175	205	123	163	202	202
ID23	196	175	205	123	163	202	207
ID24	180	175	205	123	163	204	207
ID25	200	175	205	123	163	202	202
ID26	170	175	205	123	166	202	202
ID27	196	175	205	123	163	200	199
ID28	196	175	205	123	163	200	196
ID29	210	175	205	123	163	200	209
ID30	180	175	205	123	163	204	202
ID31	206	178	205	123	163	200	194
ID32	196	175	205	123	163	200	202
ID33	204	175	205	123	163	200	199
ID34	221	175	205	123	163	200	202
ID35	210	175	205	123	163	200	199
ID36	192	175	205	123	163	200	194
ID37	180	175	205	123	163	197	194
ID38	221	175	205	123	163	200	196
ID39	225	175	205	123	163	197	194
ID40	186	178	205	123	163	200	194
ID41	175	175	205	123	163	197	199

续表

材料编号	RM206	RM7102	RM20	RM277	RM7120	RM463	RM5479
ID42	221	175	205	123	163	200	189
ID43	200	175	205	123	163	197	196
ID44	196	175	205	123	163	197	186
ID45	225	175	205	123	163	202	194
ID46	186	175	205	123	163	200	189
ID47	204	175	205	123	163	207	194
ID48	186	175	205	123	163	197	202
ID49	186	175	205	123	163	193	200
ID50	200	175	205	123	173	197	194
ID51	192	178	205	123	163	193	194
ID52	166	178	229	128	173	197	194
ID53	170	175	205	123	163	197	194
ID54	192	175	205	123	163	197	194
ID55	188	175	205	123	163	197	199
ID56	170	175	205	128	163	200	196
ID57	129	186	229	128	163	200	233
ID58	170	175	229	123	163	197	181
ID59	195	186	229	123	163	193	189
ID60	170	175	205	123	163	197	190
ID61	192	186	205	123	163	197	194
ID62	200	186	229	123	163	197	194

续表

材料编号	RM206	RM7102	RM20	RM277	RM7120	RM463	RM5479
ID63	196	186	205	123	163	193	194
ID64	156	175	205	123	163	193	194
ID65	196	175	205	123	163	193	194
ID66	170	175	205	123	163	193	194
ID67	170	175	205	123	163	193	194
ID68	180	175	205	123	163	193	194
ID69	170	186	229	128	163	193	241
ID70	175	175	205	123	163	193	199
ID71	175	175	205	123	163	189	194
ID72	175	175	205	123	163	189	196
ID73	180	186	229	128	163	189	194
ID74	186	175	205	123	163	189	196
ID75	170	186	229	128	163	189	235
ID76	170	186	205	123	163	189	202
ID77	170	186	205	123	163	189	207
ID78	170	186	205	123	163	189	207
ID79	156	175	205	123	163	193	199
ID80	170	186	205	123	163	189	207
ID81	170	175	205	123	163	189	199
ID82	192	186	205	123	163	189	222
ID83	192	186	205	123	163	189	202

续表

材料编号	RM206	RM7102	RM20	RM277	RM7120	RM463	RM5479
ID84	175	186	205	123	163	189	207
ID85	168	175	205	123	163	189	207
ID86	192	175	205	123	163	189	199
ID87	152	175	205	123	163	193	196
ID88	152	175	205	123	163	193	196
ID89	170	178	205	123	163	193	196
ID90	188	175	205	123	163	189	196
ID91	170	186	205	123	163	189	199
ID92	152	175	205	123	163	189	196
ID93	188	186	205	123	163	193	199
ID94	165	175	205	123	163	189	196

参考文献

[1] ALLARD R W. Formulas and tables to facilitate the calculation of recombination values in heredity[J]. Hilgardia, 1956, 24(10): 235-257.

[2] ANDERSEN J R, LÜBBERSTEDT T. Functional marker in plants[J]. Trends Plant Sci, 2003, 8(1): 554-560.

[3] AIAZZI M T, ARGÜELLO J A, PÉREZ A, et al. Deterioration in Atriplex cordobensis(Gandoger et Stuckert) seeds: natural and accelerated ageing[J]. Seed Sci Technol, 1997, 25(1): 147-155.

[4] ARDLIE K, LIU-CORDERO S N, EBERLE M A, et al. Lower-than-Expected linkage disequilibrium between tightly linked markers in humans suggests a role for gene conversion[J]. The Am J Hum Genet, 2001, 69(3): 582-589.

[5] ASHIKARI M, SAKAKIBARA H, LIN S, et al. Cytokinin oxidase regulates rice grain production[J]. Science, 2005, 309(5735): 741-745.

[6] AUNG U T, MCDONALD M B. Changes in esterase activity associated with peanut (*Arachis hypogaea* L.) seed deterioration[J]. Seed Sci Technol, 1995, 23(1): 101-111.

[7] AYAHIKO S, TAKESHI I, KAWORU E, et al. Deletion in a gene associated with grain size increased yields during rice domestication[J]. Nat Genet, 2008, 40(8): 1023-1028.

[8] BEGNAMI C N, CORTELAZZO A L. Cellular alteration during accelerated aging of french bean seeds[J]. Seed Sci Technol, 1996, 24: 295-303.

[9] BRAVERMAN J M, HUDSON R R, KAPLAN N L, et al. The hitchhiking effect on the site frequency spectrum of DNA polymorphisms[J]. Genetics, 1995, 140(2): 783-796.

[10]BRESEGHELLO F, SORRELLS M E. Association mapping of kernel size and milling quality in wheat (*Triticum aestivum* L.) Cultivars [J]. Genetics, 2006, 172(2): 1165 – 1177.

[11]BUCKLER IV E S, THORNSBERRY J M. Plant molecular diversity and applications to genomics[J]. Curr Opin Plant Biol, 2002, 5(2): 107 – 111.

[12]BURKE J M, TANG SHUNXUE, KNAPP S J, et al. Genetic analysis of sunflower domestication[J]. Genetics, 2002, 161(3): 1257 – 1267.

[13]CAMUS – KALANDAIVELU L, VEYRIERAS J B, MADUR D, et al. Maize adaptation to temperate climate: relationship between population structure and polymorphism in the *Dwarf*8 gene [J]. Genetics, 2006, 172 (4): 2249 – 2463.

[14]CAUSSE M A, FULTON T M, CHO Y G, et al. Saturated molecular map of the rice genome based on an interspecific backcross population[J]. Genetics, 1994, 138(4): 1251 – 1274.

[15]CHING A, CALDWELL K S, JUNG M, et al. SNP frequency, haplotype structure and linkage disequilibrium in elite maize inbred lines[J]. BMC Genetics, 2002, 3: 19.

[16]CHURCHILL G A, DOERGE R W. Empirical threshold values for quantitative trait mapping[J]. Genetics, 1994, 138(3): 963 – 971.

[17]CORDER E H, SAUNDERS A M, RISCH N J, et al. Protective effect of apolipoprotein E type 2 allele for late onset alzheimer disease [J]. Nat Genet, 1994, 7(2): 180 – 184.

[18]CUI K H, PENG S B, XING Y Z, et al. Molecular dissection of seedling –

vigor and associated physiological traits in rice[J]. Theor Appl Genet, 2002, 105: 745 – 753.

[19] DEVLIN B, RISCH N. A comparison of linkage disequilibrium measures for fine – scale mapping[J]. Genomics, 1995, 29(2): 311 – 322.

[20] DEVLIN B, ROEDER K. Genomic control for association studies[J]. Biometrics, 1999, 55(4): 997 – 1004.

[21] DOI K, IZAWA T, FUSE T, et al. *Ehd*1, a B – type response regulator in rice, confers short – day promotion of flowering and controls *FT – like* gene expression independently of *Hd*1[J]. Genes Dev, 2004, 18(8): 926 – 936.

[22] FALUSH D, STEPHENS M, PRICHARD J K. Inference of population structure using multilocus genotype data: dominant markers and null alleles[J]. Mol Ecol Notes, 2007, 7: 574 – 578.

[23] FAN CHUCHUAN, XING YONGZHONG, MAO HAILIANG, et al. *GS3*, a major QTL for grain length and weight and minor QTL for grain width and thickness in rice, encodes a putative transmembrane protein[J]. Theor Appl Genet, 2006, 112: 1164 – 1171.

[24] FAN T W M, LANE A N, HIGASHI R M. In *Vivo* and In *Vitro* Metabolomic analysis of anaerobic rice coleoptiles revealed unexpected pathways[J]. Russ J Plant Physiol, 2003, 50(6): 787 – 793.

[25] FERGUSON J M, TEKRONY D M, EGLI D B. Changes during early seed and axes deterioration: I seed quality and mitochondrial respiration[J]. Crop Sci, 1990, 30: 175 – 179.

[26] FRANTZ J M, BRUCE B. Anaerobic conditions improve germination of a gib-

berellic acid deficient rice[J]. Crop Sci, 2002, 42(2): 651 – 654.

[27] FRARY A, NESBITT T C, FRARY A, et al. *fw*2. 2: A quantitative trait locus key to the evolution of tomato fruit size[J]. Science, 2000, 289: 85 – 88.

[28] TURNER F T, CHEN C C, MCCAULEY. Morphological development of rice seedlings in water at controlled oxygen levels[J]. Agron J, 1981, 73(3): 566 – 570.

[29] EDWARD M D, STUBER C W, WENDEL J F. Molecular – marker – facilitated investigations of quantitative – trait loci in maize. I. Numbers, genomic distribution and types of gene action[J]. Genetics, 1987, 116: 113 – 125.

[30] CLERKX E J M, EL – LITHY M E, VIERLING E, et al. Analysis of natural allelic variation of Arabidopsis seed germination and seed longevity traits between the accessions Landsberg *erecta* and Shakdara, using a new recombinant inbred line population[J]. Plant Physiol, 2004, 135: 432 – 443.

[31] HAGENBLAD J, NORDBORG M. Sequence variation and haplotype structure surrounding the flowering time locus *FRI* in *Arabidopsis thaliana*[J]. Genetics, 2002, 161: 289 – 298.

[32] HARR B, KAUER M, SCHLÖTTERER C. Hitchhiking mapping: A population – based fine – mapping strategy for adaptive mutations in *Drosophila melanogaster*[J]. PNAS, 2002, 99(20): 12949 – 12954.

[33] HARUSHIMA Y, YANO M, SHOMURA A, et al. A high – density rice genetic linkage map with 2275 markers using a single F_2 population[J]. Genetics, 1998, 148: 479 – 494.

[34] HE GUANGMING, LUO XIAOJIN, TIAN FENG et al. Haplotype variation in

structure and expression of a gene cluster associated with a quantitative trait locus for improved yield in rice[J]. Genome Res, 2006, 16: 618 – 626.

[35] HUA J P, XING Y Z, XU C G, et al. Genetic dissection of an elite rice hybrid revealed that heterozygotes are not always advantageous for performance[J]. Genetics, 2002, 162: 1885 – 1895.

[36] HUANG SHAOBAI, GREENWAY H, COLMER T D, et al. Protein synthesis by rice coleoptiles during prolonged anoxia: implications for glycolysis, growth and energy utilization[J]. Ann Bot, 2005, 96: 703 – 715.

[37] HUANG ZHENG, YU TING, SU LI, et al. Identification of chromosome regions associated with seedling vigor in rice[J]. Acta Genet Sin, 2004, 31 (6): 596 – 603.

[38] HUDSON R R, BAILEY K, SKARECHY D, et al. Evidence for positive selection in the superoxide dismutase (Sod) region of Drosophila melanogaster [J]. Gentics, 1994, 136: 1329 – 1340.

[39] HUTTLEY G A, EASTEAL S, SOUTHEY M C, et al. Adaptive evolution of the tumour suppressor BRCA1 in humans and chimpanzees[J]. Nat Genet, 2000, 25: 410 – 413.

[40] GAUT B S, LONG A D. The lowdown on Linkage disequilibrium[J]. Plant Cell, 2003, 15: 1502 – 1506.

[41] GARRIS A G, MCCOUCH S R, KRESCOVICH S K. Population structure and its effect on haplotype diversity and linkage disequilibrium surrounding the xa5 locus of rice(Oryza sativa L.)[J]. Genetics, 2003, 165: 759 – 769.

[42] GIBBS J, MORRELL S, VALDEZ A, et al. Regulation of alcoholic fermenta-

tion in coleoptiles of two rice cultivars differing in tolerance to anoxia[J]. J Exp Bot, 2000, 51: 785 –796.

[43]GOLOVINA E A, WOLKERS W F, HOEKSTRA F A. Behaviour of membranes and proteins during natural seed ageing[J]. Basic Appl Aspects Seed Biol, 1997: 787 –796.

[44]GUPTA I J, SCHMITTHENNER A F, MCDONALD M B. Effect of storage fungi on seed vigour of soybean [J]. Seed Sci Technol, 1993, 21(3): 581 –591.

[45]INGVARSSON P K. Nucleotide polymorphism and linkage disequilibrium within and among natural populations of european aspen(*Populus tremula* L., Salicaceae)[J]. Genetics, 2005, 169: 945 –953.

[46]JENG T L, SUNG J M. Hydration effect on lipid peroxidation and peroxide – scavenging enzymes activity of artificially aged peanut seed[J]. Seed Sci Technol, 1995, 22(3): 531 –539.

[47]JIN JIAN, HUANG WEI, GAO JIPING, et al. Genetic control of rice plant architecture under domestication[J]. Nat Genet, 2008, 40: 1365 –1369.

[48]JONES D B, PETERSON M L. Rice seedling vigor at sub – optimal temperatures[J]. Crop Sci, 1976, 16(1): 102 –105.

[49]JUNG M, CHING A, BHATTRAMAKKI D, et al. Linkage disequilibrium and sequence diversity in a 500 – kbp region around the *adh*1 locus in elite maize germplasm[J]. Theor Appl Genet, 2004, 109(4): 681 –689.

[50]KALPANA R, RAO K V M. On the ageing mechanism in pigeonpea (*Cajanus cajan*(L.)Millsp.) seeds[J]. Seed Sci Technol, 1995, 23(1): 1 –9.

[51]KALPANA R, RAO K V M. Lipid changes during accelerated ageing of seeds of pigeonpea (*Cajanus cajan* (L.) Millsp.) cultivars [J]. Seed Sci Technol, 1996, 24(3): 475 –483.

[52]KALPANA R, RAO K V M. Protein metabolism of seeds of pigeonpea(*Cajanus cajan*(L.) Millsp.)cultivars during accelerated ageing[J]. Seed Sci Technol, 1997, 25(2): 271 –279.

[53]KALPANA R, RAO K V M. Nucleic acid metabolism of seeds of pigeonpea (*Cajanus cajan*(L.)Millsp.)cultivars during accelerated ageing[J]. Seed Sci Technol, 1997, 25(2): 293 –301.

[54]KOHN M H, PELZ H J, WAYNE R K. Natural selection mapping of the warfarin – resistance gene[J]. PNAS, 2000, 97(14): 7911 –7915.

[55]KOJIMA S, TAKAHASHI Y, KOBAYASHI Y, et al. *Hd3a*, a rice ortholog of the *Arabidopsis FT* gene, promotes transition to flowering downstream of *Hd*1 under short – day conditions [J]. Plant Cell Physiol, 2002, 43 (10): 1096 –1105.

[56]KONISHI S, IZAWA T, LIN SHAOYANG, et al. An SNP caused loss of seed shattering during rice domestication[J]. Science, 2006, 312: 1392 –1396.

[57]KRAAKMAN A T W, NIKS R E, VAN DEN BERG P M M M, Stam P, et al. Linkage disequilibrium mapping of yield and yield stability in modern spring barley cultivars[J]. Genetics, 2004, 168: 435 –446.

[58]KURATA N, NAGAMURA Y, YAMAMOTO K, et al. A 300 kilobase interval genetic map of rice including 883 expressed sequences[J]. Nat Genet, 1994, 8: 365 –372.

[59]LANDER E S, BOTSTEIN D. Mapping mendelian factors underlying quantitative traits using RFLP linkage maps[J]. Genetics, 1989, 121: 185 –199.

[60]LI CHANGBAO, ZHOU AILING, SANG TAO. Rice domestication by reducing shattering[J]. Science, 2006, 311: 1936 –1939.

[61]SMITH J M, HAIGH J. The hitch – hiking effect of a favourable gene[J]. Genet Res, 1974, 23(1): 23 –35.

[62]MCCOUCH S R, KOCHERT G, YU Z H, et al. Molecular mapping of rice chromosomes[J]. Theor Appl Genet, 1988, 76(6): 815 –829.

[63]MCCOUCH S R, TEYTELMAN L, XU YUNBI, et al. Development and mapping of 2240 new SSR markers for rice (*Oryza sativa* L.) [J]. DNA Res, 2002, 9: 199 –207.

[64]MCCOUCH S R, CHO Y G, YANO M, et al. Report on QTL nomenclature [J]. Rice Genet Newsl, 1997, 14: 11 –13.

[65]NISHIMURA A, ASHIKARI M, LIN SHAOYANG, et al. Isolation of a rice regeneration quantitative trait loci gene and its application to transformation systems[J]. PNAS, 2005, 102(33): 11940 –11944.

[66]NURMINSKY D, DE AGUIAR D, BUSTAMANTE C D, et al. Chromosomal effects of rapid gene evolution in *Drosophila melanogaster*[J]. Science, 2001, 291(5501): 128 –130.

[67]NORDBORG M, HU T T, ISHINO Y, et al. The pattern of polymorphism in *Arabidopsis thaliana*[J]. Plos Biol, 2005, 3(7): 1289 –1299.

[68]NORDBORG M, BOREVITZ J O, BERGELSON J, et al. The extent of linkage disequilibrium in *Arabidopsis thaliana* [J]. Nat Genet, 2002, 30:

190 – 193.

[69]OLSEN K M, PURUGGANAN M D. Molecular evidence on the origin and evolution of glutinous rice[J]. Genetics, 2002,162: 941 – 950.

[70]PAYSEUR B A, CUTTER A D, NACHMAN M W. Searching for evidence of positive selection in the human genome using patterns of microsatellite variability[J]. Mol Biol Evol, 2002, 19(7): 1143 – 1153.

[71]PEARCE D M E, JACKSON M B. Comparison of growth responses of barnyard grass(*Echinochloa oryzoides*) and rice(*Oryza sativa*) to submergence, ethylene, carbon dioxide and oxygen shortage[J]. Ann Bot, 1991, 68(3): 201 – 209.

[72]PENG JINRONG, RICHARDS D E, HARTLEY N M, et al. "Green revolution" genes encode mutant gibberellin response modulators[J]. Nature, 1999, 400: 256 – 261.

[73]PEREZ M A, ARGUELLO J A. Deterioration in peanut (*Arachis hypogaea* L. cv. Florman) seeds under natural and accelerated aging[J]. Seed Sci Technol, 1995, 23(2): 439 – 445.

[74]PRITCHARD J K, STEPHENS M, DONNELLY P. Inference of population structure using multilocus genotype data[J]. Genetics, 2000, 155: 945 – 959.

[75]PURUGGANAN M D, BOYLES A L, SUDDITH J I. Variation and selection at the *CAULIFLOWER* floral homeotic gene accompanying the evolution of domesticated *Brassica oleracea*[J]. Genetics, 2000, 155: 855 – 862.

[76]RAFALSKI J A. Novel genetic mapping tools in plants: SNPs and LD – based approaches[J]. Plant Sci, 2002, 162(3): 329 – 333.

[77] RAO K V M, KALPANA R. Carbohydrates and the ageing process in seeds of pigeonpea (*Cajanus cajan* (L.) Millsp.) cultivars [J]. Seed Sci Technol, 1994, 22(3): 495 – 501.

[78] LASANTHI – KUDAHETTIGE R, MAGNESHI L, LORETI E, et al. Transcript Profiling of the Anoxic Rice Coleoptile[J]. Plant Physiol, 2007, 144: 218 – 231.

[79] REICH D E, CARGILL M, BOLK S, et al. Linkage disequilibrium in the human genome[J]. Nature, 2001, 411: 199 – 204.

[80] REDOÑA E D, MACKILL D J. Genetic variation for seedling vigor traits in rice [J]. Crop Sci, 1996, 36: 285 – 290.

[81] REDOÑA E D, MACKILL D J. Molecular mapping of quantitative trait loci in *japonica* rice[J]. Genome, 1996, 39: 395 – 403.

[82] REMINGTON D L, THORNSBERRY J M, MATSUOKA Y, et al. Structure of linkage disequilibrium and phenotypic associations in the maize genome[J]. PNAS, 2001, 98(20): 11479 – 114484.

[83] REN ZHONGHAI, GAO JIPING, LI LEDONG, et al. A rice quantitative trait locus for salt tolerance encodes a sodium transporter[J]. Nat Genet, 2005, 37 (10): 1141 – 1146.

[84] RISCH N J. Searching for genetic determinants in the new millennium[J]. Nature, 2000, 405: 847 – 856.

[85] SCHLÖTTERER C. A microsatellite – based multilocus screen for the identification of local selective sweeps[J]. Genetics, 2002, 160: 753 – 763.

[86] SATTLER S E, GILLILAND L U, MAGALLANES – LUNDBACK M, et al.

Vitamin E is essential for seed longevity and for preventing lipid peroxidation during germination[J]. Plant Cell, 2004, 16: 1419 – 1432.

[87]SIVRITEPE H O, DOURADO A M. The effects of humidification treatments on viability and the accumulation of chromosomal aberrations in pea seeds[J]. Seed Sci Technology, 1994, 22: 337 – 348.

[88]SETTER T L, ELLA E S, VALDEZ A P. Relationship between coleoptile elongation and alcoholic fermentation in rice exposed to anoxia. II. cultivar differences[J]. Ann Bot, 1994, 74: 273 – 279.

[89]SONG XIANJUN, HUANG WEI, SHI MIN, et al. A QTL for rice grain width and weight encodes a previously unknown RING – type E3 ubiquitin ligase[J]. Nat Genet, 2007, 39(5): 623 – 630.

[90]STORZ J F. Using genome scans of DNA polymorphism to infer adaptive population divergence[J]. Mol Ecol, 2005, 14: 671 – 688.

[91]TAKAHASHI Y, SHOMURA A, SASAKI T, et al. $Hd6$, a rice quantitative trait locus involved in photoperiod sensitivity, encodes the α subunit of protein kinase CK2[J]. PNAS, 2001, 98(14): 7922 – 7927.

[92]TAN LUBIN, LI XIANRAN, LIU FENGXIA, et al. Control of a key transition from prostrate to erect growth in rice domestication[J]. Nat Genet, 2008, 40(11): 1360 – 1364.

[93]TANKSLEY S D, NELSON J C. Advanced backcross QTL analysis: a method for the simultaneous discovery and transfer of valuable QTLs from unadapted germplasm into elite breeding lines[J]. Theor Appl Genet, 1996, 92: 191 – 203.

[94]TAN Y F, LI J X, YU S B, et al. The three important traits for cooking and eating quality of rice grains are controlled by a single locus in an elite rice hybrid,Shanyou 63[J]. Theor Appl Genet, 1999, 99: 642 – 648.

[95]TEMNYKH S, DECLERCK G, LUKASHOVA A, et al. Computational and experimental analysis of microsatellites in rice (*Oryza sativa* L.): frequency, length variation, transposon associations,and genetic marker potential[J]. Genome Res, 2001, 11: 1441 – 1452.

[96]TEMNYKH S, PARK W D, AYRES N, et al. Mapping and genome organization of microsatellite sequences in rice(*Oryza sativa* L.)[J]. Theor Appl Genet, 2000, 100: 697 – 712.

[97]TENAILLON M, SAWKINS M C, LONG A D, et al. Patterns of DNA sequence polymorphism along chromosome 1 of maize(*Zea mays ssp. mays* L.) [J]. PNAS, 2001, 98(16): 9161 – 9166.

[98]THAPLIYAL R C, CONNOR K F. Effects of accelerated ageing on viability, leachate exudation,and fatty acid content of *Dalbergia sissoo* Roxb. Seeds[J]. Seed Sci Technol, 1997, 25: 311 – 319.

[99]THODAY J M. Location of polygenes[J]. Nature, 1961, 191: 368 – 370.

[100]THORNSBERRY J M,GOODMAN M M,DOEBLEY J,et al. *Dwarf*8 polymorphisms associate with variation in flowering time[J]. Nat Genet, 2001, 28: 286 – 289.

[101]TRAWATHA S E, TEKRONY D M, HILDEBRAND D F. Relationship of soybean seed quality to fatty acid and C6 – aldehyde levels during storage [J]. Crop Sci, 1995, 35: 1415 – 1422.

[102]UEDA T, SATO T, HIDEMA J, et al. *qUVR – 10*, a major quantitative trait locus for ultraviolet – B resistance in rice, encodes cyclobutane pyrimidine dimer photolyase[J]. Genetics, 2005, 171: 1941 – 1950.

[103]VIGOUROUX Y, MCMULLEN M, HITTINGER C T, et al. Identifying genes of agronomic importance in maize by screening microsatellites for evidence of selection during domestication[J]. PNAS, 2002, 99(15): 9650 – 9655.

[104]WANG D L, ZHU J, LI Z K, et al. Mapping QTLs with epistatic effects and QTL × environment interations by mixed linear model approaches[J]. Theor Appl Genet, 1999, 99: 1255 – 1264.

[105]WANG ERIAO, WANG JIANJUN, ZHU XUDONG, et al. Control of rice grain – filling and yield by a gene with a potential signature of domestication [J]. Nat Genet, 2008, 40(11): 1370 – 1374.

[106]WANG W Y S, BARRATT B J, CLAYTON D G, et al. Genome – wide association studies: theoretical and practical concerns[J]. Nat Rev Genet, 2005, 6: 109 – 118.

[107]WHITT S R, WILSON L M, TENAILLON M I, et al. Genetic diversity and selection in the maize starch pathway [J]. PNAS, 2002, 99 (20): 12959 – 12962.

[108]WILSON L M, WHITT S R, IBÁÑEZ A M, et al. Dissection of maize kernel composition and starch production by candidate gene association[J]. Plant cell, 2004, 16: 2719 – 2733.

[109]WRIGHT S I, BI I V, SCHROEDER S G, et al. The Effects of artificial selection on the maize genome[J]. Science, 2005, 308: 1310 – 1314.

[110]WOOTTON J C, FENG XIAORONG, FERDING M T, et al. Genetic diversity and chloroquine selective sweeps in *Plasmodium falciparum*[J]. Nature, 2002, 418: 320 – 323.

[111]WU KUNSHENG, TANKSLEY S D. Abundance, polymorphism and genetic mapping of microsatellites in rice [J]. Mol Gen Genet, 1993, 241: 225 – 235.

[112]XUE WEIYA, XING YONGZHONG, WENG XIAOYU, et al. Natural variation in *Ghd7* is an important regulator of heading date and yield potential in rice[J]. Nat Genet, 2008, 40: 761 – 767.

[113]XU KENONG, XU XIA, FUKAO T, et al. *Sub1A* is an ethylene – response – factor – like gene that confers submergence tolerance to rice[J]. Nature, 2006, 442: 705 – 708.

[114]YAMAUCHI M, AGUILAR A M, VAUGHAN D A, et al. Rice (*Oryza sativa* L.) germplasm suitable for direct sowing under flooded soil surface[J]. Euphytica, 1993, 67(3): 177 – 184.

[115]YAMAUCHI M, WINN T. Rice seed vigor and seedling establishment in anaerobic soil[J]. Crop Sci, 1996, 36: 680 – 686.

[116]YAMAUCHI M, BISWAS J K. Rice cultivar difference in seedling establishment in flooded soil[J]. Plant Soil, 1997, 189(1): 145 – 153.

[117]YAMASAKI M, TENAILLON M I, BI I V, et al. A large – scale screen for artficial selection in maize identifies candidate agronomic loci for domestication and crop improvement[J]. Plant Cell, 2005, 17: 2859 – 2872.

[118]YANO M, KATAYOSE Y, ASHIKARI M, et al. *Hd1*, a major photoperiod

sensitivity quantitative trait locus in rice, is closely related to the *Arabidopsis* flowering time gene *CONSTANS*[J]. Plant Cell, 2000, 12: 2473 – 2483.

[119] YU BAISHENG, LIN ZHONGWEI, LI HAIXIA, et al. *TAC*1, a major quantitative trait locus controlling tiller angle in rice[J]. Plant J, 2007, 52: 891 – 898.

[120] YU JIANMING, PRESSOIR G, BRIGGS W H, et al. A unified mixed – model method for association mapping that accounts for multiple levels of relatedness[J]. Nat Genet, 2006, 38(2): 203 – 208.

[121] ZHANG N, XU Y, AKASH M, et al. Identification of candidate markers associated with agronomic traits in rice using discriminant analysis[J]. Theor Appl Genet, 2005, 110: 721 – 729.

[122] ZHANG ZHIHONG, YU SIBIN, YU TING, et al. Mapping quantitative trait loci (QTLs) for seedling – vigor using recombinant inbred lines of rice (*Oryza sativa* L.)[J]. Field Crops Res, 2005, 91: 161 – 170.

[123] ZENG ZHAOBANG. Precision mapping of quantitative trait loci[J]. Genetics, 1994, 136: 1457 – 1468.

[124] ZONDERVAN K T, CARDON R L. The complex interplay among factors that influence allelic association[J]. Nat Rev Genet, 2004, 5: 89 – 100.

[125] 陈健. 水稻栽培方式的演变与发展研究[J]. 沈阳农业大学学报, 2003, 34(5): 389 – 393.

[126] 陈翻身, 许四五. 水稻直播栽培三个技术瓶颈问题形成原因及对策[J]. 中国稻米, 2006(2): 33 – 34.

[127] 曹立勇, 朱军, 任立飞, 等. 水稻幼苗活力相关性状的 QTLs 定位和上位

性分析[J]. 作物学报, 2002, 28(6): 809 – 815.

[128] 侯名语, 江玲, 王春明, 等. 水稻种子低氧发芽力的 QTL 定位和上位性分析[J]. 中国水稻科学, 2004, 18(6): 483 – 488.

[129] 黄柳柳, 洪德林. 不同生态类型粳稻品种 3 个幼苗性状的遗传变异及其与株高的相关性分析[J]. 南京农业大学学报, 2005, 28(4): 11 – 15.

[130] 盖钧镒. 试验统计方法[M]. 北京: 中国农业出版社, 2000.

[131] 郭媛, 程保山, 洪德林. 粳稻 SSR 连锁图谱的构建及恢复系卷叶性状 QTL 分析[J]. 中国水稻科学, 2009, 23(3): 245 – 251.

[132] 金千瑜, 欧阳由男, 陆永良, 等. 我国南方直播稻若干问题及其技术对策研究[J]. 中国农学通报, 2001, 17(5): 44 – 48.

[133] 景德道, 刁立平, 钱华飞, 等. 水稻直播与移栽的比较及相应育种策略[J]. 江西农业学报, 2008, 20(7): 17 – 20.

[134] 金伟栋, 洪德林. 太湖流域粳稻地方品种遗传多样性研究[J]. 生物多样性, 2006, 14(6): 479 – 487.

[135] 金伟栋, 洪德林. 太湖流域粳稻地方品种核心种质的构建[J]. 江苏农业学报, 2007, 23(6): 516 – 525.

[136] 金伟栋, 程保山, 洪德林. 基于 SSR 标记的太湖流域粳稻地方品种遗传多样性研究[J]. 中国农业科学, 2008, 41(11): 3822 – 3830.

[137] 李家义, 支巨振. 1993 国际种子检验规程[M]. 上海: 上海科学技术出版社, 1994.

[138] 李建雄, 余四斌, 徐才国, 等. "汕优63" 的产量及其构成因子的数量性状基因位点分析[J]. 作物学报, 2000, 26(6): 892 – 898.

[139] 林鹿, 傅家瑞. 花生种子贮藏蛋白质合成和累积与活力的关系[J]. 热带

亚热带植物学报, 1995, 4(1): 57 - 60.

[140] 林鹿, 傅家瑞. 花生种子活力的形成[J]. 中山大学学报(自然科学版), 1996, 35(3): 23 - 27.

[141] 刘军, 黄上志, 傅家瑞, 等. 种子活力与蛋白质关系的研究进展[J]. 植物学通报, 2001, 18(1): 46 - 51.

[142] 倪安丽, 张文明, 王昌初. 主要农作物种子纸卷法发芽试验初报[J]. 种子科技, 1992(1): 23 - 24.

[143] 乔婷婷, 姚明哲, 周炎花, 等. 植物关联分析的研究进展及其在茶树分子标记辅助育种上的应用前景[J]. 中国农学通报, 2009, 25(6): 165 - 170.

[144] 沈金雄, 易斌, 傅廷栋, 等. 植物数量性状基因定位研究概述[J]. 植物学通报, 2003, 20(3): 257 - 263.

[145] 王洋, 张祖立, 张亚双, 等. 国内外水稻直播种植发展概况[J]. 农机化研究, 2007(1): 48 - 50.

[146] 汤学军, 傅家瑞, 黄上志. 决定种子寿命的生理机制研究进展[J]. 1996(6): 29 - 32.

[147] 陶嘉龄, 郑光华. 种子活力[M]. 北京: 科学出版社, 1991.

[148] 王才林, 邹江石, 汤陵华, 等. 太湖流域新石器时期的古稻作[J]. 江苏农业学报, 2000, 16(3): 129 - 138.

[149] 吴文革, 陈烨, 钱银飞. 水稻直播栽培的发展概况与研究进展[J]. 中国农业科技导报, 2006, 8(4): 32 - 36.

[150] 邢永忠, 徐才国. 作物数量性状基因研究进展[J]. 遗传, 2001, 23(5): 498 - 502.

[151] 徐吉臣, 李晶昭, 郑先武, 等. 苗期水稻根部性状的 QTL 定位 [J]. 遗传学报, 2001, 28(5): 433 - 438.

[152] 徐云碧, 朱立煌. 分子数量遗传学 [M]. 北京: 中国农业出版社, 1994.

[153] 严长杰, 顾铭洪. 高代回交 QTL 分析与水稻育种 [J]. 遗传, 2000, 22(6): 419 - 422.

[154] 杨小红, 严建兵, 郑艳萍, 等. 植物数量性状关联分析研究进展 [J]. 作物学报, 2007, 33(4): 523 - 530.

[155] 郑光华. 种子生理研究 [M]. 北京: 科学出版社, 2004.

[156] 曾雄生. 直播稻的历史研究 [J]. 中国农史, 2005, 2: 3 - 12.

[157] 周建群. 水稻栽培方式研究进展 [J]. 湖南农业科学, 2009(2): 51 - 54.

[158] 张学勇, 童依平, 游光霞, 等. 选择牵连效应分析: 发掘重要基因的新思路 [J]. 中国农业科学, 2006, 39(8): 1526 - 1535.